ESSAI

SUR

LA GARANCE

PAR

LE DR SACC

CHEVALIER DE L'ORDRE DE FRÉDÉRIC, ANCIEN PROFESSEUR DE CHIMIE
A L'ACADÉMIE DE NEUCHATEL,
CORRESPONDANT DU CONSEIL DE SALUBRITÉ DU HAUT-RHIN, MEMBRE FONDATEUR ET DÉLÉGUÉ
DE LA SOCIÉTÉ IMPÉRIALE D'ACCLIMATATION,
CONSEILLER DE LA SOCIÉTÉ D'ACCLIMATATION DE NANCY, CORRESPONDANT DE CELLES DE BERLIN ET DE MOSCOU,
CORRESPONDANT DE LA SOCIÉTÉ D'HISTOIRE NATURELLE DE COLMAR, DU COMICE
AGRICOLE DE TOULON, MEMBRE DE LA SOCIÉTÉ HELVÉTIQUE DES SCIENCES NATURELLES,
DE LA SOCIÉTÉ INDUSTRIELLE DE MULHOUSE, ETC., ETC.

PARIS

VICTOR MASSON ET FILS

PLACE DE L'ÉCOLE DE MÉDECINE

1861

A

M. J. DUMAS

MEMBRE DE L'INSTITUT, SÉNATEUR

HOMMAGE DE PROFONDE ESTIME ET DE CORDIALE RECONNAISSANCE.

SACC.

Wesserling, 3 mars 1861

INTRODUCTION

Peu d'industries se sont aussi rapidement développées que celle du coton. Grâce aux admirables machines employées pour le travailler, et à l'abondance de la matière première, qui permettent d'en tirer les tissus les plus économiques, le coton fournit presque seul, et au monde entier, les habillements de la classe moyenne, et surtout de la classe pauvre, à laquelle il est devenu indispensable. A mesure qu'on a produit plus rapidement, et en plus grande masse, les tissus de coton, à mesure qu'on a appris à les imprimer avec des machines, on les a offerts à des prix de plus en plus réduits, qui, cependant, depuis quelques années, ont cessé de descendre, et paraissent plutôt vouloir sensiblement remonter. Cette anomalie est due à la consommation des calicots, qui, énorme déjà, mais sans cesse croissante, n'est plus en rapport avec la production du coton et avec celle de la garance, dont elle provoque la hausse continue.

De ces deux circonstances devait infailliblement résulter, sur le prix des calicots teints, une hausse qui devait rudement frapper les consommateurs pauvres. Cette hausse, il a bien fallu la subir; mais, afin de ne pas écarter les acheteurs, on ne leur a fait payer que l'augmentation du coton, et on a annulé celle de la garance, en lui substituant, en plus ou moins grande proportion, des bois de teinture à bas prix. De cette nécessité commerciale il est résulté que, tout en payant leurs robes relativement cher, les pauvres ne portaient plus que des indiennes faux teint, dont les couleurs ne résistaient pas plus à l'action des rayons solaires qu'à celle du savon. Le mal est donc grand, puisque cette substitution des bois de teinture à la garance était indispensable pour maintenir le prix des indiennes à la portée des pauvres.

Il est clair que cette position changera le jour même où cotons et garances seront à bas prix; mais ce temps est loin de nous, puisque c'est la production même de ces matières premières qui fait défaut. En présence de ce double obstacle, il n'y avait rien d'autre à faire qu'à passer en revue toute la fabrication des toiles peintes, afin de découvrir celles de ses opérations sur lesquelles on pourrait réaliser des économies assez notables pour permettre au fabricant *de donner à bas prix des étoffes bon teint.* Tel est le point de départ du travail que nous avons résolûment poursuivi pendant vingt ans, et dont nous allons brièvement indiquer les parties essentielles.

D'abord, nous avons énuméré toutes les espèces de garances qui abondent sur les différentes parties du globe, afin de démontrer qu'on pouvait tirer cette utile racine d'ailleurs que d'Europe; ensuite, nous avons demandé à ce que la culture de la garance commune fût encouragée en Algérie, où elle fournirait d'ailleurs, par ses fanes, un fourrage aussi abondant que nutritif; enfin, nous avons prouvé que l'extrait alcoolique de garance teint aussi bien et beaucoup plus sûrement que cette racine brute. Ce dernier fait est très-important, puisqu'il permet de substituer à une poudre d'un volume énorme une pâte inaltérable qui pèse cinquante fois moins et permet de réaliser une économie considérable sur les frais de transport, tout en laissant au sol producteur des milliers de kilogrammes de ligneux et de cendres alcalines, qu'on lui enlève chaque année, et dont l'exportation menaçait de l'épuiser totalement. Mais c'est surtout dans la manufacture que l'usage de l'extrait de garance permettra de réaliser d'immenses économies, en diminuant beaucoup les frais de chauffage et de main-d'œuvre, puisqu'il donne le moyen d'utiliser la totalité de la matière colorante, d'employer continuellement le même bain de teinture, et que, ne salissant pas le blanc des tissus, il supprime les opérations, aussi longues que dispendieuses, du nettoyage. Ce n'était cependant pas encore assez; car, pour atteindre le prix de revient le plus bas, il fallait éviter la coûteuse et délicate opération de la teinture et arriver à fixer directement sur le tissu la matière colorante de la garance; c'est aussi ce que nos essais nous ont appris; ici la réussite est complète; aussi nous empressons-nous de publier cette importante découverte, afin qu'elle profite à tous. Dans toutes ces recherches, nous avons fait une large part à la chimie pure, et nous croyons être arrivé à découvrir la nature intime de la matière colorante de la garance, la composition des mordants, et à établir d'une façon définitive la manière dont ils s'unissent à l'étoffe et aux substances tinctoriales.

SACC.

Wesserling, 5 février 1861.

ESSAI

SUR

LA GARANCE

I. — PARTIE HISTORIQUE.

La garance paraît avoir été employée de toute antiquité en Orient, d'où elle est venue en Europe, en passant par la Grèce et l'Italie, pour se répandre de là, d'abord dans le midi de la France, puis en Hollande, en Alsace, dans tout le nord de la France, et enfin en Silésie.

Pline rapporte que les Grecs appelaient la garance *érythrodanon*, et les Romains *varantia*, dont on a fait plus tard le nom *rubia*. On l'employait alors à la teinture des laines et des cuirs.

Dioscoride affirme que la meilleure garance est celle de Toscane.

Dans sa Géographie, Strabon écrit que les habitants de la Gaule méridionale teignaient les étoffes en violet, en mélangeant le suc du pastel avec celui de la garance.

M. Guérin, dans son excellent *Dictionnaire d'Histoire naturelle*, enseigne que les Celtes cultivaient la garance sous le nom de *waranche*.

Au septième siècle, suivant Doublet, et d'après les chartes de Dagobert et de Childebert, on vendait à la foire de Saint-Denys près de Paris, des racines sèches de garance et des étoffes teintes avec elles.

D'après Schwertz, Charlemagne aurait protégé la culture de la garance.

Il y a plus de trois siècles que la garance est cultivée en Hollande, où Charles-Quint en favorisa surtout la culture dans la province de Zélande, qui en fournissait chaque année, à l'Angleterre, pour près de cinq millions de francs.

La garance fut importée, en 1507, en Silésie, par Jean Huller; on la vendait en Angleterre.

Oubliée pendant longues années en France, la garance se retrouve, en

1729, à Hagueneau, où Frantzen la cultive, et où Hoffmann bâtit, en 1760, le premier moulin à broyer sa racine.

En 1756, un Arménien, appelé Jean Althen, vint s'établir à Avignon, où il fut accueilli par M. de Clausemette, sur les terres duquel il cultiva de la garance, sans pouvoir en tirer parti.

Dès 1760 et sous Louis XVI, le ministre Bertin fit venir de Chypre des graines de garance (Rubia peregrina), qui, distribuées en Provence et en Alsace, donnèrent un tel essor à sa culture, qu'en 1789 la première de ces provinces en vendait pour 152,000 livres à l'Angleterre, et que la seconde en expédiait en Angleterre, en 1790, près de 50,000 quintaux.

Pendant les guerres de la République et de l'Empire, on délaissa beaucoup la culture de la garance, et on eut recours aux poudres de Hollande, pour suffire aux besoins de l'industrie. À mesure que l'ordre revint, les cultivateurs semèrent derechef cette plante utile, dont les racines sèches valaient de 30 à 100 francs les 40 kilogrammes, et qu'on paye couramment 52 à 55 francs les 50 kilogrammes en ce moment.

En l'an IX il n'y avait en France que onze moulins à garance, tandis que le seul département de Vaucluse en compte actuellement plus de cinquante. En 1805, le département de Vaucluse ne produisait pas pour 4 millions de garance, tandis qu'il en exporte à présent pour plus de 20 millions, suffit à toute la consommation de la France, et en expédie dans le monde entier.

Ce ne fut qu'à partir de 1815 que la culture de la garance se développa d'une manière régulière et normale.

II. — PARTIE BOTANIQUE.

La garance a donné son nom à l'immense famille des Rubiacées, si riche en espèces utiles parmi lesquelles on remarque le cafier, le quinquina, l'ipécacuanha, le luculia aux fruits délicieux, et le gardenia, dont l'odeur suave est connue de tous les amateurs de fleurs.

La garance est une plante vivace à tiges carrées, grêles, fort longues, garnies de verticilles de petites feuilles et de petites fleurs verdâtres, auxquelles succèdent des fruits noirs velus et un peu plus gros que des graines de moutarde ; ses racines fortes, charnues, longues et abondantes, sont grosses comme le petit doigt et saturées de la matière colorante rouge, qui manque presque totalement aux tiges.

Il y a beaucoup d'espèces de garance dont les seules cultivées s'appellent :

Rubia tinctorum, d'Europe.
   —   peregrina, d'Orient[1].
   —   mungeet, de l'Inde.

[1] C'est celle qui contient le plus de matière colorante.

Voici l'énumération complète de toutes les espèces, que nous devons à l'obligeance de M. Godron, le savant doyen de la Faculté des sciences de Nancy.

1. *Rubia cordifolia*, en Sibérie.
2. — *javanica*, en Java.
3. — *mungista*, dans les montagnes du Népaul, du Bengale et du Japon.
4. — *alata*, au Népaul.
5. — *petiolaris*, au cap de Bonne-Espérance.
6. — *fructicosa*, à Ténériffe.
7. — *acalyculata*, à Madras.
8. — *lævis*, en Algérie.
9. — *angustifolia*, à Madère, aux îles Baléares et en Portugal.
10. — *longifolia*, en Corse et à Mogador.
11. — *tinctorum*, dans l'Europe méridionale et moyenne.
12. — *peregrina*, en Orient et dans toute l'Europe méridionale.
13. — *lucida*, dans l'Europe méridionale et moyenne.
14. — *Bocconi*, à Naples et en Sicile.
15. — *splendens*, à Lisbonne.
16. — *Olivierii*, à Scio.
17. — *Thunbergii*, à Naples et en Sicile.
18. — *Walteri*, en Caroline et en Floride.
19. — *guadalupensis*, à la Guadeloupe.
20. — *indecora*, au Brésil.
21. — *chilensis*, au Chili.
22. — *ramosissima*, au Brésil.
23. — *valantioïdes*, au Brésil.
24. *Rubia nitida*, à Quito.
25. — *vilis*, au Brésil.
26. — *ciliata*, au Pérou.
27. — *monantha*, au Pérou.
28. — *ovalis*, au Pérou.
29. — *crocea*, au Pérou.
30. — *lævigata*, à Mexico.
31. — *corymbosa*, au Pérou.
32. — *hypocarpia*, à la Jamaïque.
33. — *Relbun*, au Chili, au Brésil et à Géracas.
34. — *orinoccensis*, sur les bords de l'Orénoque.
35. — *incana*, aux Andes de Quiendiù.
36. — *hirta*, à Quito.
37. — *noxia*, au Brésil.
38. — *aspera*, au Brésil.
39. — *diffusa*, au Brésil.
40. — *equisetoïdes*, au Brésil.
41. — *ephedroïdes*, au Brésil.
42. — *scabra*, aux Andes de Quiendiù.
43. — *debilis*, à Quito.
44. — *purpurea*, aux Indes orientales.
45. — *angustissima*, dans l'empire Birman.
46. — *characfolia*, au Népaul.
47. — *Doniettii*, en Anatolie.
48. — *dalmatica*, en Dalmatie.
49. — *dolichophylla*, en Songarie.
50. — *albicaulis*, en Perse.
51. — *pauciflora*, en Perse.
52. — *Aucheri*, en Syrie.
53. — *brachypoda*, en Palestine.

Sur ces cinquante-trois espèces, il n'y en a que trois employées en teinture et examinées par les chimistes, en sorte qu'il est probable que les cinquante autres leur réservent une ample moisson de faits utiles et intéressants; aussi est-il fort à désirer que la plupart de ces espèces parviennent bientôt en Europe, ce qui sera aisé, surtout pour les nombreuses espèces du Brésil.

III. — CULTURE.

Originaire de pays chauds et secs, la garance ne prospère que dans un sol perméable et sous un ciel tempéré; elle craint l'humidité, qui la fait pourrir. Ses racines charnues et longues veulent un sol léger pour s'y étendre à l'aise, en sorte qu'on ne peut pas la cultiver dans les terres fortes et compactes.

La meilleure terre à garance est sablonneuse, fraîche sans être humide, et exposée en plein midi; plus elle reçoit de chaleur, plus aussi ses produits sont abondants et parfaits. M. de Gasparin, ayant analysé le sol d'une bonne garancière des environs d'Orange, le trouva composé de :

Humus.	6
Carbonate calcique.	41
Argile.	18
Sable.	55
	100

ce qui vient corroborer les données théoriques précédentes et prouver que les bonnes terres à garance ne doivent pas contenir plus de 20 pour 100 d'argile.

Les garances dont se sert l'industrie européenne viennent de Provence, de Smyrne et des bords de la mer Caspienne; partout elles sont cultivées dans des terres sablonneuses et fraîches; mais leur force tinctoriale est d'autant plus grande, à égalité d'âge, qu'elles ont crû dans une région plus chaude; les meilleures sont celles de Smyrne, qui valent au moins le double des meilleurs paluds. L'âge, du reste, amène dans les racines le même changement qu'une température élevée; il y développe la matière colorante à tel point, que, peu abondante à un an, elle y double au moins à trois ans, et qu'à neuf ans elles valent deux fois autant que ces dernières, et sont presque totalement dégagées du sucre, des acides et des gommes qui entravent la teinture lorsqu'on emploie des racines moins âgées.

Jusqu'ici on n'a cultivé la garance que pour en obtenir les racines, quoique ses tiges constituent un excellent fourrage; mais une expérience faite il y a deux ans, à Alger, pourrait bien changer cet état de choses et engager à employer cette précieuse rubiacée au moins autant comme fourrage que comme plante industrielle. Un cultivateur, ayant semé un champ en garance, le fit pâturer pendant cinq années consécutives, puis il l'arracha et obtint une magnifique récolte de racines égales à celles des meilleurs paluds d'Avignon. Cette expérience mérite d'être répétée, puisque, en procurant

aux habitants des pays chauds et secs du fourrage en abondance, elle fournirait aux industriels de la garance meilleure et à bas prix.

On multiplie la garance par semis en place, ou en pépinière, et par éclats
des pieds.

La graine doit être grosse, bien mûre, et semée tout de suite, ou stratifiée,
sans quoi elle durcit tellement, qu'elle ne lève qu'au bout de deux ou trois
ans. Comme la sécheresse retarde beaucoup la germination, on trempe les
graines pendant vingt-quatre heures dans l'eau, afin de les gonfler, et on en
sème 60 à 70 kilog. par hectare, au printemps et à lune décroissante, l'expérience ayant appris qu'on favorise ainsi le développement des racines,
tandis qu'en semant en lune croissante on développe beaucoup de petites
tiges au détriment des racines. La graine lève en vingt à vingt-cinq jours,
en général. On sème en lignes espacées, tant pour faciliter le développement des plantes que la culture, et afin de pouvoir cultiver entre elles, la
première année, une plante annuelle quelconque qui fait valoir le terrain
tout en abritant le jeune plant.

Quand on se sert de boutures ou de plants enracinés, il en faut 4,000 kilog.
par hectare.

Quel que soit le moyen de multiplication employé, il faut ne l'appliquer
que sur un terrain défoncé au moins à 55 centimètres, profondeur à laquelle
pénètrent les racines, et fumé avec du fumier bien consommé, ou avec des
tourteaux. Pendant la première année on tient la terre bien propre, sarcle,
fauche en automne et chausse fortement les pieds pour les garantir du froid
et de l'humidité.

Dès la seconde année la plante couvre le sol, fleurit en juillet et mûrit
ses graines en août.

C'est pendant la floraison qu'on fauche la garance, afin de fortifier sa racine ; on ne laisse monter que les pieds nécessaires pour la multiplication.

Quand l'été est pluvieux, les fleurs coulent facilement. Un hectare donne
en moyenne 500 kilogrammes de graines valant 2 francs le kilog. On se garde
bien de faucher la garance avant sa floraison ou deux fois par an, parce qu'on
diminuerait beaucoup la force des racines. Le fourrage obtenu est excellent
en vert et en sec ; on l'évalue, en moyenne et par hectare, à 4 ou 5,000 kilogrammes sec.

Dans les terres fraîches et paludéennes de Vaucluse on obtient 3,957 kilog.
de racines sèches par hectare, et seulement 2,505 kilog. dans les terres
sèches où l'été suspend la végétation.

A dix-huit mois, suivant M. Bastet, la racine contient 75 pour 100 d'eau,
tandis qu'à trente mois, il n'y en a plus que 72 pour 100. Cette perte d'eau
vient de la diminution de l'aubier, qui, gélatineux d'abord, se dessèche de
plus en plus ; tellement que, faisant 80 à 85 pour 100 du poids total des
cunes racines, il n'en constitue plus que 50 à 55 pour 100 dans les vieilles.
A mesure que la plante se développe, la couleur orange de sa racine passe
au rouge, et cela plus rapidement dans les sols légers et les années sèches

que dans les sols humides et les années pluvieuses, ce qu'on doit attribuer sans doute à une diminution de l'eau, puisqu'une simple dessiccation produit le même effet.

C'est à cette réaction qu'il faut attribuer, à égalité complète d'autres conditions, la supériorité des garances de Smyrne sur celles d'Avignon.

La matière colorante se développe rapidement jusqu'à trois ans ; mais, à partir de cette époque, elle n'augmente plus sensiblement, ce qui engage à arracher les garances au mois de septembre de leur troisième année, dès que leurs tiges commencent à se faner. A Smyrne on n'arrache la garance qu'à cinq ou six ans, sans doute parce que, le sol étant très-sec, les racines n'atteignent tout leur développement qu'à cet âge. On lave les racines et les met sécher sous des hangars où elles se flétrissent bientôt, et on achève de les sécher en plein air sur des aires, ou dans des étuves lorsque la pluie empêche de les sécher dehors. Les racines fraîches sont longues de 50 à 100 centimètres et de la grosseur du petit doigt ; sèches, elles ne sont pas plus épaisses qu'un tuyau de plume ; elles sont formées d'un ligneux central jaune, pauvre en matière colorante, qui se trouve en presque totalité dans l'enveloppe charnue rouge et épaisse qui le recouvre.

Quand la dessiccation n'est pas assez rapide, les racines se décomposent, noircissent, et sont alors totalement perdues, ce qui fait qu'on préfère généralement, en Europe, les sécher dans des étuves chauffées entre 35° et 40° C., où elles perdent 60 à 75 pour 100 d'eau et deviennent cassantes. On les bat au fléau pour enlever l'épiderme, les radicelles, ainsi que la terre, et obtenir la garance *robée*, qu'on soumet à la mouture. La poudre obtenue est tamisée et mise dans des barriques de 1,000 kilog., où elle s'améliore jusqu'à quatre ou cinq ans, époque à laquelle elle commence à se détériorer. Comme cette poudre est hygrométrique, elle gagne avec le temps 4 à 6 pour 100 en poids et jusqu'à 25 pour 100 en force colorante, ce qui infirme l'assertion des chimistes qui veulent que les racines fraîches teignent mieux que les poudres sèches.

Bancroft rapporte qu'avant de moudre la garance on l'asperge d'abord avec une dissolution de 2 kilog. de cendres de varechs par 100 kilog. de racines et qu'on la sèche une seconde fois ; si le fait est vrai, il explique à la fois la couleur rouge de certaines poudres et la facilité avec laquelle elles teignent, ainsi que l'énorme proportion de soude qu'on trouve dans leurs cendres.

Dans la racine fraîche, la matière colorante est jaune orangé ; elle rougit vite à l'air ; mais elle s'y trouve cependant déjà toute formée, puisque son jus exprimé teint parfaitement bien en nuances aussi pures que solides. La différence de coloration n'est due qu'à la proportion d'eau, qui diminue beaucoup dans la racine fraîche l'intensité de la couleur en la divisant excessivement.

IV. — PARTIE COMMERCIALE.

A la fin du siècle passé et au commencement de celui-ci, la Hollande produisait 10,000 tonneaux de garance de 50 kilog. l'un, valant ensemble tout près de 5 millions de francs. En octobre 1859, ces poudres se vendaient à Rotterdam 136 à 140 francs les 100 kilog.

En 1828, la France a vendu : 8,149,450 kilogrammes de garance à l'Angleterre.

En 1857, elle a produit près de 30,000,000 de kilog. de garance, représentant une valeur totale d'environ 48 millions de francs ; elle en a consommé 16 millions et exporté 14, dont 2 en Suisse, 6 en Allemagne et le reste en Angleterre et en Amérique.

Afin de donner une idée nette de l'énorme mouvement d'affaires provoqué en France par l'emploi de la garance, nous dirons qu'il faut en moyenne 6 kilog. de garance pour teindre une pièce de calicot de 100 mètres de long, et que, comme l'industrie française a consommé, en 1857, 16 millions de kilogrammes de garance, elle a dû produire tout près de 3 millions de pièces de 100 mètres chacune, représentant une valeur d'au moins 195 millions.

Comme, d'autre part, on compte qu'il faut au moins un ouvrier à 700 fr. pour imprimer et teindre 100 pièces par an, il s'ensuit que cette énorme production entretient annuellement 30,000 ouvriers, en leur procurant 21 millions de francs. En d'autres termes, 600 kilog. de garance, valant environ 900 fr., suffisent chaque année à l'entretien d'un ouvrier à 700 fr. d'appointements, et à la production de 100 pièces de calicot de 100 mètres de long, valant 6,500 fr.

En 1784, la garance paluds moulue valait 1 fr. 26 cent. le kilog.; on la paye actuellement 1 fr. 60 cent., ce qui prouve que, la production ne répondant pas aux exigences de la consommation, le prix vénal de cette matière colorante n'a pas sensiblement changé, même si on tient compte de la différence de valeur de l'argent à ces deux époques.

Le commerce offre actuellement la garance sous forme de :

I. Poudre pure, rosée ou paluds;
II. Fleur de garance;
III. Garancine; — et enfin,
IV. Garanceux.

Reprenant chacune de ces formes, nous dirons d'abord que la poudre n'est plus employée qu'exceptionnellement, et qu'on lui a substitué partout la fleur de garance et la garancine, qui, offrant plus de matière colorante sous un volume beaucoup moins considérable, facilitent grandement les opérations de teinture, qu'elles rendent aussi beaucoup plus sûres.

Les garances du commerce appartiennent à deux grandes classes, savoir: celles qui ont crû dans des terrains calcaires, et celles qui proviennent de terrains sablonneux; les premières sont presque neutres; les secondes, fortement acides.

Les garances calcaires diffèrent des autres en ce que, traitées par l'eau, elles ne lui cèdent pas de pectine et ne la gélatinisent donc pas. A cette classe appartiennent les garances de Syrie, de Chypre et de Provence. On divise ces dernières en rosées et en paluds. Les premières, moins riches en matière colorante que les secondes, et d'un rouge moins foncé, croissent dans des terres calcaires légères; quant aux secondes, on les cultive dans des marais desséchés, riches en sels de soude.

Les garances siliceuses, comme celles de Hollande, d'Alsace et de Silésie, sont d'un jaune orangé, fort acides, et cèdent à l'eau avec laquelle on les traite une telle proportion de pectine, qu'elle se prend en gelée.

De cette différence chimique il est aisé de conclure que les meilleures garances pour les eaux pures sont celles qui proviennent de terrains calcaires, tandis que pour les eaux calcaires on doit employer des garances acides ou siliceuses.

La fleur de garance n'est que de la poudre lavée à froid pour lui enlever toutes ses matières solubles, moins la partie colorante. Cette opération est délicate parce que, en ne lavant pas assez, on laisse du sucre et de l'acide, et que, en lavant trop, on perd de la matière colorante; on a obvié au dernier inconvénient en ajoutant un peu d'acide sulfurique aux eaux de lavage, afin d'y rendre insoluble la matière colorante; mais alors on introduit dans la fleur un acide minéral qu'on ne peut plus en éloigner et qui altère les mordants; la fleur vaut deux fois son poids de bonne garance.

C'est le pharmacien Dœbereiner qui a eu le premier l'idée, il y a cinquante ans, de laver la garance pour en extraire du sucre et faire de l'alcool; il remarqua que le résidu de l'opération teignait plus fortement et donnait des couleurs plus pures que celles de la garance.

Plus tard, M. Daniel Kœchlin, dont le nom est inséparable de tous les progrès effectués dans l'art de la teinture depuis le commencement de ce siècle, trouva que la meilleure fleur de garance est celle qu'on obtient en faisant fermenter la garance en poudre avec de l'eau pendant trois ou quatre jours et l'exprimant; elle perd alors 54 pour 100 de son poids initial.

Ce n'est qu'en 1851 que, profitant des expériences faites, M. Julien Roquer exploita en grand le lavage de la garance, et en livra le produit aux industriels sous le nom de fleur de garance. 100 kilog. de bonne garance en poudre donnent 8 litres d'alcool à 89° et 45 à 50 kilog. fleur de garance.

Si ce nouveau produit est si rapidement entré dans la grande consommation, c'est parce que, privé d'acide, de sucre et de pectine, il ne dégrade pas beaucoup la nuance des mordants, leur donne des couleurs plus vives, quoique tout aussi solides, salit moins le blanc, et ne présente pas comme la garance le défaut de produire des bains de teinture coagulés quand leur température vient à baisser.

La garancine est due aux savants travaux de Robiquet et Colin, qui lui avaient imposé en 1828 le nom de charbon sulfurique. Ce produit, qui vaut sept fois son poids de garance, était jadis tellement variable, qu'on a eu beaucoup de peine à l'employer; il est à présent d'un usage aussi général que sûr, et déplacerait totalement la garance et la fleur de garance s'il donnait d'aussi belles nuances qu'elles. Les couleurs garancine sont salies par une matière brune qui fournit des noirs et des bruns magnifiques, mais rend les rouges orangé, les roses saumon et les violets gris; comme en échange la garancine ne salit pas beaucoup le blanc, elle dispense de l'emploi du savon, qu'on remplace par un passage en son, ou mieux encore par un chlorage sec. Pour faire ce produit, on mélange la garance avec six fois son poids d'eau froide, la macère pendant douze heures et l'exprime. On répète cette opération trois fois de suite, puis réduit en poudre le gâteau obtenu, qu'on asperge en remuant bien avec de l'acide sulfurique concentré, dont on prend moitié autant que de garance brute; on ajoute alors de l'eau en quantité variable, chauffe à l'ébullition au moyen d'un jet de vapeur, filtre, lave et sèche. Il y a bien des sortes de garancines plus ou moins noires, ce qui provient de l'action d'acide plus ou moins concentré; elles sont très-variées, pour la force ainsi que pour la beauté des nuances qu'elles fournissent. Les plus belles que nous avons eues entre les mains sont celles de M. Verdet et surtout de MM. Foulc frères.

Ces garancines dites fortes sont chaque année plus employées, à cause de la facilité avec laquelle elles teignent, et de l'éclat des nuances qu'elles fournissent; nous les avons imitées en opérant comme suit :

On verse 10 grammes acide sulfurique à 66° AB., dans un demi-litre d'eau, et verse peu à peu ce mélange sur 100 grammes garance paluds, broie bien et exprime fortement, après avoir laissé le tout en contact pendant six heures.

On délaye le résidu derechef avec demi-litre d'eau et exprime. Le résidu, réduit en poudre, est délayé avec 1 litre d'eau additionnée de 25 grammes d'acide sulfurique à 66° AB., et chauffé pendant deux heures au bouillon, à l'aide de la vapeur d'eau. Il faut agiter constamment le mélange. On laisse déposer, décante, délaye le résidu avec 1 litre d'eau, décante derechef, et opère ainsi dix fois de suite. On égoutte sur une toile, exprime, réduit en poudre, et ajoute au résidu, qui pèse 110 grammes, 4 grammes de craie en poudre fine; on broie bien le tout, et obtient, après dessiccation à 50°, environ 20 grammes d'excellente garancine sèche.

Le garanceux, dont on doit la découverte à M. L. Schwarz, est fabriqué avec les résidus des teintures de garance et de fleur de garance, qu'on traite comme la garancine, à laquelle il ressemble, bien qu'il soit environ quatre fois moins riche qu'elle en matière colorante.

On fabrique le garanceux en faisant écouler les bains de teinture dans de vastes réservoirs en bois où on les additionne d'acide sulfurique faible. Dès que le précipité est formé, on décante l'eau surnageante, recueille le précipité sur des filtres en toile grossière, l'exprime et le traite, pour 250 kilogrammes, avec 50 kilogrammes acide sulfurique, à 66° AB., et suffisante quantité d'eau pour donner au mélange la consistance d'une bouillie très-liquide; on achève l'opération comme pour la garancine. On lave bien, ajoute au résidu exprimé 4 ou 5 pour 100 de craie, et emploie mouillé, la valeur de ce produit étant trop minime pour couvrir les frais de séchage.

V. — ÉTUDE CHIMIQUE.

Aucune matière colorante n'a donné lieu à autant de recherches que la garance; aussi devons-nous exposer d'abord les travaux de nos devanciers, en regrettant de n'avoir pas eu un plus grand nombre de sources à notre disposition et d'avoir été réduit, pour ce travail, à notre seule bibliothèque.

Ce sont les toiles teintes en rouge par les Orientaux qui ont appelé l'attention des peuples de l'Europe sur la garance. Pendant bien longtemps, on ignorait comment se faisait ce magnifique rouge appelé *turc* ou d'*Andrinople*, parce que les Turcs et la ville d'Andrinople en avaient le monopole; mais, grâce aux persévérantes recherches des voyageurs, aux encouragements des gouvernements et de la Société d'encouragement surtout, on finit par découvrir ce procédé de teinture et le perfectionner, tellement que depuis bien des années c'est l'Europe qui fournit à l'Orient les toiles teintes en rouge turc. Comme c'est à la découverte de ce procédé que se lie l'histoire chimique de la garance et de toutes ses applications, nous pensons bien faire en le rapportant tel que le décrit Pallas dans son intéressante description de la Russie méridionale.

« On imbibe les écheveaux de fil avec de l'huile de poisson émulsionnée avec un peu de carbonate sodique, et on les laisse entassés pendant quarante-huit heures, afin qu'ils s'échauffent; puis les lave, les sèche et répète l'opération encore deux fois. Vingt-quatre heures après, on imbibe les écheveaux avec de la solution sodique faible, les sèche, et répète encore trois fois ce passage, puis teint en sumac.

« La teinture s'effectue dans des chaudières en cuivre de 500 litres où on introduit 50 kilogrammes de sumac moulu, pour 150 kilogrammes de fil; on fait bouillir, tamise et reverse le liquide dans la chaudière; on y ajoute 15 kilogrammes d'alun et y plonge le coton.

« Immédiatement après on procède à la teinture, qui se fait avec un poids de garance en poudre égal à celui des écheveaux; on la pétrit avec du sang dans la proportion de 10 litres pour 1 kilogramme, et la jette dans la chaudière qu'on fait bouillir. C'est alors qu'on plonge les écheveaux dans le bain, dont on entretient l'ébullition. Quand la nuance a l'intensité voulue, on retire les écheveaux, qu'on lave et sèche. Ensuite on donne une lessive de soude seule, lave, sèche et achève en donnant un dernier passage en émulsion, lavant et séchant. »

De la description de ce procédé il ressort que les Orientaux fixaient d'abord sur le tissu un savonneux mordant d'alumine qu'ils teignaient ensuite en sumac et garance, et avivaient à l'aide de la soude; telle est la base de toutes les opérations qui fournissent les nombreuses et magnifiques couleurs extraites de la garance.

La racine de garance a une saveur fortement sucrée accompagnée d'un arrière-goût âcre et amer; elle teint bien, en sorte que la matière colorante y existe déjà formée; séchée, réduite en poudre et lavée à l'eau, elle lui abandonne d'abord du sucre, des acides, de la gomme, de la pectine, et puis enfin toute sa matière colorante. Suivant Marggraaf, il ne faut que 5 litres d'eau froide pour épuiser 50 grammes de garance de Silésie; la solution est orange et sensiblement acide. Cette solution est précipitée par la *gélatine*, ce qui y démontre la présence du tanin; par la *craie*, qui lui enlève sa matière colorante; rougie par l'*alun* et *violetée* par les *alcalis*; abandonnée à elle-même, elle entre bientôt en *fermentation* et laisse déposer de petits cristaux rouges de *matière colorante*.

Dambourney et Duhamel de Monceau croyaient que les racines fraîches teignaient mieux que les poudres sèches; mais c'est une erreur provenant sans doute de ce qu'ils ont opéré avec une poudre qui, ayant été séchée à une température élevée, avait perdu une partie de son principe colorant. En répétant cette expérience avec soin, nous avons trouvé la force tinctoriale de la poudre exactement semblable à celle de la racine fraîche.

Suivant Bucholz, la racine fraîche est composée de :

Extrait brun sucré..	39.00
Gomme brune .	9.00
Extrait amer et âcre.	0.60
Résine grasse et rouge.	1.20
Matière colorante rouge..	1.90
Sel calcique d'un acide végétal.	1.80
Mélange de matières colorantes rouges et brunes solubles dans la potasse.	4.60
Ligneux.	22.50
Eau..	19.40
	100.00

Cette analyse décèle dans la racine quatre fois trop peu d'eau, en sorte qu'elle a dû être faite sur des racines déjà fanées; ces données sont d'ailleurs si vagues, qu'il est difficile d'en tirer parti; aussi ne l'emploierons-nous que comme point de comparaison à l'analyse de la poudre de garance que nous allons donner. Cette analyse a été faite sur une garance paluds sèche, âgée de dix-huit mois, d'excellente qualité, et provenant de la fabrique de M. Bouvier fils d'Avignon ; elle était formée de :

Eau.	6.11
Pectine.	0.15
Acide malique.	1.39
Sucre de raisin et graisse (déduction faite des cendres).	36.50
Fécule.	18.77
Acide pectique, résine et albumine.	3.65
Matière colorante.	1.55
Ligneux.	19.28
Cendres.	12.60
	100.00

Pour l'analyse, la poudre fut d'abord séchée à 100° C., jusqu'à ce que son poids cessât de diminuer, ce qui arrive lorsqu'elle a perdu 5 ou 6 pour 100 de son poids d'eau, et on en pesa 100 grammes, qui furent lavés 24 fois de suite; chaque fois avec 2 litres d'eau additionnée de 20 grammes acide sulfurique à 66° AB, qu'on laissait séjourner une heure, à + 15° C., sur la garance, et décantait ensuite. Les solutions, fortement colorées en jaune, réunies et chauffées à l'ébullition, verdissent et laissent déposer des flocons verdâtres de pectine, pesant, séchés à 100°, 150 centigrammes. On sature la solution avec un excès de craie qui la vire au gris, fait bouillir, filtre, concentre, et traite par l'alcool, qui précipite 2 grammes 50 centigrammes de bimalate calcique. On filtre, concentre et obtient 36 grammes 50 centigrammes; déduction faite des sels minéraux, d'un sirop épais brun formé essentiellement de sucre de raisin accompagné d'une matière colorante brune, d'un peu de graisse et d'un extrait à la fois âcre et amer.

La garance, épuisée par l'eau, est chauffée à l'ébullition pendant deux heures, avec 2 litres d'eau et 20 grammes d'acide sulfurique à 66° AB; on filtre, sature la solution avec de la craie, filtre derechef, concentre et obtient 20 grammes 62 centigrammes de sucre de raisin, correspondant à 18 grammes 77 centigrammes de fécule.

Le résidu, séché à 100°, repris par l'alcool absolu et bouillant, lui cède 1 gramme 55 centigrammes d'extrait du plus beau rouge carmin, en plaques dures et friables.

Ce qui reste est bouilli avec une solution de soude diluée, à laquelle il cède 3 grammes 65 centigrammes d'un mélange d'acide pectique avec des traces d'albumine coagulée.

Le résidu, pesant 20 grammes 20 centigrammes, est du ligneux pur retenant 1 gramme 2 centigrammes de cendres blanches uniquement formées d'acide silicique et de sulfate calcique.

Pour doser les cendres on a pris derechef 100 grammes de garance sèche, à laquelle on a mis le feu. Cette poudre, ayant la propriété de brûler comme de l'amadou, se consume avec la plus grande facilité en laissant 12 gr. 60 centig. de cendres blanches formées de :

Phosphate ferrique.	0.58
Carbonate calcique.	4.25
— magnésique.	0.05
— sodique.	5.98
Sulfate sodique.	0.05
Chlorure sodique.	0.56
Acide silicique.	0.50
Oxyde aluminique.	0.87
	12.60

Le savant M. Chevreul trouve dans les alizaris séchés à 100° : 9.8 de cendres pour 100 et 9.5 à 15.5 dans les racines sèches de garance d'Alsace.

Comme la matière colorante est dure, friable, et par conséquent exempte de graisse, il est probable que celle-ci a été entraînée avec le sucre, par les eaux de lavage acides ; quant à la résine, elle paraît accompagner l'acide pectique, qui est coloré en brun et poissant ; il est probable que dans la racine elle est unie avec la chaux, ce qui l'empêche de se dissoudre dans l'alcool en même temps que la matière colorante.

Suivant M. Ed. Koechlin, les racines fraîches de garance d'Alsace sont formées de :

Chair.	90.56
Ligneux.	9.64
	100.00

La chair est formée de :

Eau.	73.42
Matières solides.	16.94
	90.56

Et le ligneux central de :

Eau.	4.96
Matières solides	4.68
	9.64

Il admet que presque toute la matière colorante se trouve dans la chair, dont la nuance d'un beau jaune rougit rapidement à l'air.

M. Daniel Koechlin Schouck a trouvé dans la poudre de garance d'Alsace:

Parties solubles dans l'eau froide. 55.00
   —   —   bouillante. 3.00
   —   dans l'alcool. 1.50
Ligneux. 38.00
Perte. 2.50
                                                    ─────────
                                                    100.00

La racine fraîche de garance paluds d'Avignon, âgée de dix-huit mois, est plus grosse qu'une plume d'oie et longue de 55 centimètres à 1 mètre. Desséchée à 100° C., elle perd 75 centièmes d'eau, et laisse un résidu friable pesant 25 centièmes. Ces racines sont formées d'un noyau central ligneux, pauvre en matière colorante et teinté en jaune, entouré d'une abondante chair orange et gélatineuse, qui contient la presque totalité de la couleur. 100 parties de racines fraîches en donnent 16 de ligneux et 84 de chair, qui pèsent, après dessiccation à 100° C., 7 et 25. Si le ligneux se dessèche vite, la chair, par contre, abandonne très-difficilement son eau.

Pour juger la valeur tinctoriale de ces racines et de leurs diverses parties constituantes, on a teint 500 CC. de toile d'essai à bandes puce, rouge, rose et violet, avec :

I. Eau. . 1 litre. Garance paluds de M. Bouvier. . . . . . 20 gr.

II. — 1 — Racines entières desséchées et pulvérisées. 20 —

III. — 1 — Ligneux. . . . — . . 17 —

IV. — 1 — Chair. . . . . — . . 10 —

V. — 1 — Chair. . . . . — . . 15 —

VI. — 1 — Chair. . . . . — . . 20 —

Après la teinture, tous les essais ont été savonnés ensemble. I, qui sert de type, est superbe ; ensuite vient VI, qui lui est égal ; puis V, IV, II, qui est d'un huitième environ plus faible, et enfin III, qui est si faible, que sa nuance atteint à peine le huitième de celle de I.

En 1825, M. Kuhlmann étudia la garance, dans laquelle il découvrit une matière colorante rouge et une autre fauve, plus, du ligneux, de l'acide malique, du mucilage, des matières nitrogénées, de la gomme, du sucre, un principe amer, un autre odorant, de la résine et de l'eau.

Pour isoler le principe rouge, M. Kuhlmann épuise la poudre de garance d'Alsace, d'abord par l'eau froide, ensuite par l'eau chaude, filtre, précipite les solutions par l'acide sulfurique en excès, recueille le précipité sur un filtre et le dissout dans l'alcool. Cette teinture étant fortement acide, on y ajoute du bicarbonate potassique, jusqu'à ce que sa nuance passe de l'orange vif au violet foncé. Évaporée spontanément, la solution abandonne le principe rouge en croûtes cristallisées peu solubles dans l'eau, insolubles dans les acides, très-solubles dans l'alcool, ainsi que dans les alcalis. Cette matière colorante teint bien tous les mordants.

Guidés par la découverte de M. Kuhlmann, MM. Robiquet et Colin firent une série de travaux fort remarquables et auxquels on n'a rien ajouté jusqu'à ce jour. Pour isoler la matière colorante, ils délayent la poudre de garance d'Alsace dans quatre fois son poids d'eau, laissent réagir pendant dix minutes, à la température ordinaire, et expriment.

La solution se prend bientôt en une gelée orange, que les bases teignent en violet. Quand la gelée est bien égouttée, on la broie avec un peu d'eau, l'exprime et fait bouillir le résidu avec de l'alcool absolu qui se colore en orange foncé. On distille aux trois quarts cette solution, puis la précipite avec de l'acide sulfurique dilué dans beaucoup d'eau. Le précipité est recueilli sur un filtre, lavé avec soin et desséché: il est brun clair. Cette substance est acide, en partie soluble dans l'éther, soluble dans les alcalis, et teint mal les mordants. Afin de la purifier, on la soumet à la distillation et on obtient un sublimé d'*alizarine* sous forme de belles aiguilles orange vif. Quoique l'alizarine soit presque insoluble dans l'eau, elle colore en rose l'eau bouillante sans lui communiquer de réaction acide ou alcaline; cette solution est jaunie par les acides, rougie, violetée, et enfin bleuie par les alcalis. L'alizarine est très-soluble dans l'alcool, peu dans l'éther. Lorsqu'on traite la gelée de garance par l'éther, on en extrait directement l'alizarine pure.

Plus tard, M. Robiquet substitua à ce procédé celui de la carbonisation de la garance par l'acide sulfurique, et l'épuisement, par l'alcool, du charbon sulfurique ainsi obtenu; il broyait pour cela : 5 kilogr. de garance avec 750 grammes d'acide sulfurique à 66° AB., en ayant soin que la température du mélange ne s'élevât pas au-dessus de 60° C. Voulant répéter ce travail, nous avons mélangé 250 grammes de garancine avec un poids égal d'acide sulfurique à 66° AB. Le mélange s'échauffa beaucoup, en sorte qu'il dut y avoir une portion de la matière colorante détruite. Après vingt-quatre heures de contact, on lave le charbon par décantation jusqu'à neutralité des eaux de lavage, recueille le résidu sur un filtre, le dessèche et le fait bouillir avec deux litres d'alcool à 89° C. On verse cette solution dans dix litres d'eau froide et recueille le précipité sur un filtre où on le lave jusqu'à parfaite neutralité, ce qu'on reconnaît à ce que les parois du filtre se colorent, ainsi que les eaux de lavage, en rose au lieu de jaune vif; desséché à 100° C., il pèse 2 grammes. Cet extrait teint bien tous les mordants quand il est humide; mais il est sans action sur eux après avoir été desséché, parce qu'il devient absolument insoluble dans l'eau; il faut alors le redissoudre dans l'alcool, pour le verser ensuite dans le bain de teinture.

La formule de l'alizarine est, suivant M. Robiquet, $C^{39}H^{8}O^{8}$ correspondant à la composition centésimale :

Carbone	71.1
Hydrogène	3.7
Oxygène	25.2
	100.0

Mais tous les observateurs qui ont répété l'analyse de ce produit ont proposé de nouvelles formules; c'est ainsi que M. Strecker lui assigne : $C^{20}H^6O^6$; et M. Rochleder, $C^{60}H^{19}O^{19}$; toutes ces divergences proviennent de l'impureté de l'alizarine, qui, lorsqu'elle est préparée par sublimation, retient toujours des quantités plus ou moins grandes d'hydrogènes carbonés.

L'alizarine est une résine neutre ; elle se présente sous forme de petites aiguilles orange vif, qui, cristallisées en présence de l'eau, en retiennent 4 équivalents qu'elles perdent à 100° C. Chauffée plus fortement, cette substance commence à fondre vers $+215°$ et se sublime aussitôt en se décomposant en partie et produisant d'abondantes vapeurs orangées d'alizarine impure, qui se condensent sur les parties froides de l'appareil. Elle est soluble dans l'acide sulfurique à 66°, d'où une addition d'eau la sépare sans altération si le contact ne se prolonge pas plus de quelques minutes; car bientôt elle se charbonne, et se détruit complétement au bout de vingt-quatre heures, et immédiatement quand on chauffe le mélange.

L'acide nitrique, même dilué, la transforme, avec dégagement d'acide carbonique, en acide phtalique, sans jamais produire en même temps d'acide oxalique, ainsi que quelques auteurs l'ont affirmé.

M. Runge a extrait de la garance des principes rouges, oranges, jaunes et bruns qui sont évidemment des mélanges, sur lesquels nous n'avons par conséquent rien à dire. Cet auteur, de même aussi que MM. Robiquet et Colin, a essayé d'isoler la matière colorante de la garance en la traitant directement par l'alun, afin d'éviter l'intervention des produits nés de la carbonisation sous l'influence de l'acide sulfurique. Répétant leurs expériences, nous avons lavé 500 grammes de garance et fait bouillir le résidu pendant une heure, avec 500 grammes d'alun et 5 litres d'eau. On filtre bouillant, et précipite la solution avec 250 grammes d'acide sulfurique à 66° AB. étendu avec 1 litre d'eau. Le précipité en pâte épaisse est bien lavé, filtré et séché; il pèse alors 58 grammes, est orange vif, et ne teint pas bien les mordants; soit qu'on l'emploie seul, ou avec une addition d'ammoniaque, ou de craie, ce qui vient de la forte proportion d'alumine qu'il contient. Redissoute dans l'éther qui la sépare du sulfate aluminique tribasique, cette substance, appelée *purpurine*, est pure et possède, suivant MM. Robiquet et Colin, la formule : $C^{18}H^6O^6$, correspondant à la composition centésimale :

Carbone.	66.67
Hydrogène.	3.70
Oxygène.	29.63
	100.00

qui ne diffère de celle de l'alizarine que parce qu'elle est plus pauvre en carbone et plus riche en oxygène. Quoique la purpurine ait la plus grande analogie avec l'alizarine, elle est plus rouge, ne se sublime qu'à 225° C. et donne avec les mordants des nuances infiniment plus vives et plus riches, en sorte qu'on doit l'envisager comme la matière colorante pure de la garance.

MM. Gaultier de Claubry et Persoz, en épuisant la garancine par le carbonate sodique, et précipitant par l'acide sulfurique dilué, ont obtenu un produit soluble dans les alcalis, ainsi que dans l'acide sulfurique concentré, et qui n'est autre que l'alizarine.

M. Schunck, ayant observé que les solutions aqueuses neutres de garance s'acidifient et déposent alors des cristaux d'alizarine, a été amené à conclure que la matière colorante primitive de cette racine, qu'il appelle rubiacine, se dédouble sous l'influence d'un ferment particulier appelé érythrozyme, en alcool et alizarine. Nous pensons que, sans faire intervenir toute une série de corps nouveaux ou non, l'observation de M. Schunck s'explique aisément par l'acidification spontanée de la solution neutre, puisque l'alizarine, qui est assez soluble dans l'eau pure, surtout en présence du sucre, en est précipitée par les acides.

M. Rochleder précipite la solution aqueuse de garance par l'acétate plombique, et, négligeant ce premier dépôt, il précipite ensuite la même solution, par l'acétate plombique tribasique, traite le précipité par le sulfide hydrique, épuise le sulfure plombique par l'alcool bouillant, et obtient ainsi l'*acide rubérythrique*, qu'il nous a été impossible d'isoler.

De l'ensemble des travaux que l'on vient de passer en revue, il ressort évidemment que, malgré la diversité des agents employés par les divers auteurs, tous ont eu affaire à une seule et même matière colorante, capable de donner du rouge avec les mordants d'alumine, du violet avec ceux de fer, quels que fussent d'ailleurs son degré de pureté, sa composition, ainsi que ses autres caractères physiques et chimiques. C'est aussi ce caractère qui va nous servir essentiellement de guide dans la longue étude qui suivra, et de laquelle nous pensons pouvoir conclure que la garance contient une seule matière colorante capable de teindre en beau rouge les mordants d'alumine, et en violet pur ceux de fer, et que c'est la *purpurine* de Robiquet et Colin.

Sans tenir compte de la pureté plus ou moins grande de la matière colorante, passons actuellement à l'étude de l'action des divers agents physiques et chimiques sur la racine de garance.

La **lumière solaire** blanchit rapidement la poudre de garance qu'on expose à son action; elle décolore un papier teint dans une solution alcoolique de sa matière colorante. Bien plus encore, les mordants teints en garance ne donnent des couleurs solides qu'après avoir été savonnés; de là la fugacité relative des couleurs fournies par la garancine dans toutes les manufactures où on n'a pas la bonne habitude, comme à Wesserling, de les savonner aussi énergiquement que les couleurs teintes en garance. La sensibilité de cette matière colorante est telle, qu'elle fournit le réactif coloré le plus délicat qu'on possède. Pour le fabriquer on teint du papier avec une solution de fleur de garance dans l'alcool, et on le sèche; il est d'un beau rouge orangé que les bases virent au violet, et les acides au jaune vif; l'acide carbonique même, tout faible qu'il soit, produit ce changement de ton.

La **fermentation** augmente, suivant Dœbereiner, la force tinctoriale de la garance; mais, le fait ayant été nié par les fabricants de fleurs de garance, on a fait l'expérience suivante :

On délaye 500 grammes garance paluds avec deux litres d'eau, ajoute 50 grammes de levûre de bière, et tient le mélange pendant trois jours dans un local chauffé à + 50° C. La fermentation s'établit rapidement; lorsqu'elle cesse, on jette sur une toile et exprime fortement; le résidu pèse 1,102, grammes; la solution qui s'en sépare est noire, très-acide, et douée d'une forte odeur d'alcool. Ce liquide teint mal, parce qu'il est assez acide pour dissoudre les mordants; mais, à cause de la forte proportion d'alcool qui s'y trouve, il retient assez de matière colorante pour que les acides forts l'en précipitent en abondants flocons jaunes. Quant au résidu employé à la dose de 45 grammes, correspondant à celle de 20 grammes garance, il tient moins fortement qu'elle, ce qui confirme la déperdition de la matière colorante qui a été entraînée par l'eau.

Pour éviter cet accident, on a délayé 500 grammes garance dans un litre d'eau, filtré et exprimé, puis abandonné le résidu pendant huit jours à lui-même dans un vase ouvert, à + 15° à 20° C. La garance a fermenté, fortement moisi, et cependant donné d'excellentes nuances identiquement de la force de celles qu'on avait obtenues avec un poids correspondant de garance. La fermentation n'a donc aucune action sur la matière colorante de la garance lorsqu'elle a été lavée préalablement; c'est du reste ce que prouve une troisième expérience que voici. On traita, comme dans le premier essai, un mélange de :

Garancine.	500 gr.
Sucre blanc.	100 —
Levûre de bière.	50 —
Eau.	2 lit.

et obtint avec le résidu identiquement les mêmes résultats qu'avec la garancine pure, pour l'intensité des nuances, qui étaient d'ailleurs incomparablement plus vives, plus pures qu'avant l'opération, ce qui vient de ce que l'eau de lavage retenait beaucoup de la matière brune extractive qui souille la garancine.

L'eau froide, à + 15° C. suffit, lorsqu'on en prolonge assez l'action, pour enlever toute la matière colorante de la garance, dit Bancroft. Suivant Dœbereiner, l'eau bouillante épuise rapidement la garance, en se colorant en rouge vif.

Pour vérifier ces assertions, on délaye 1 kilog. fleur de garance avec cinq litres d'eau à + 15° C., laisse six heures en contact, filtre, exprime, et répète neuf fois de suite ce traitement, au bout duquel le résidu ne contient plus trace de matière colorante, tandis que les eaux de lavage teignent aisément et en magnifiques nuances.

On fait bouillir cinq fois de suite : 1 kilog. fleur garance, avec cinq litres d'eau chaque fois, exprime et filtre ; le résidu est alors épuisé. On précipite les solutions réunies, avec un peu d'acide sulfurique, et obtient d'abondants flocons bruns qui pèsent, en pâte épaisse, 260 grammes et teignent fort bien.

Appliquant les données précédentes, on a cherché à fixer, dans les essais suivants, la quantité d'eau strictement nécessaire au lavage de la garance :

I. Garance. . . . . 1.000 gr.
Eau froide. 2 lit.

Bien mélanger, et exprimer ; le résidu pèse 1.500 grammes.

II. Même traitement que pour I, à ceci près que le résidu est traité deux fois de suite, pour 2 litres d'eau, puis exprimé.

Pour connaître la force colorante de ces deux préparations, on a teint trois échantillons : l'une avec 20 grammes de garance type, l'autre avec 26 grammes du N° I, et le dernier avec 26 grammes du N° II.

Les nuances du N° I, presque aussi intenses que celles du type, sont infiniment plus pures et plus bleuetées. Celles du N° II ressemblent aux teintes du N° I, mais elles sont bien moins intenses.

De ces expériences il résulte que le lavage de la garance, qu'on pratique pour la transformer en fleur, lui fait perdre de la matière colorante ; pour obvier à cet inconvénient, on a ajouté à l'eau de lavage 10 pour 100 de chloride hydrique du commerce, et obtenu ainsi, non-seulement l'insolubilité absolue de la matière colorante, mais un rendement très-favorable pour la pureté des nuances.

Le **méthylène** ou *esprit de bois* a été employé d'abord par notre regrettable ami H. Kœchlin, puis par MM. Gerber et Éd. Dollfus, qui ont présenté, il y a quelques années, à la Société industrielle de Mulhouse, un intéressant travail sur ce sujet. Ce dissolvant, difficile et dangereux à manier, enlève si peu de matière colorante, qu'il ne pourra jamais être employé en grand, ainsi qu'on en jugera par l'expérience suivante :

2.500 kilogrammes de fleur de garance de MM. Julian Roquer et Cie, furent mis en digestion à + 15° C., pendant douze heures, avec 10 litres d'esprit de bois, puis jetés sur un filtre et exprimés. Cette opération fut répétée trois fois. On réunit les solutions, et les précipita avec un volume d'eau double du leur, et additionné de 100 grammes acide sulfurique. Il se déposa d'abondants flocons bruns qui pesaient 500 grammes en pâte épaisse, et seulement 62 grammes 5 c. après qu'on les eut desséchés à 100° C. Malgré l'énorme proportion de méthylène employée à ce lavage, on n'a guère enlevé que la moitié de la matière colorante existant dans la fleur brute, puisque le résidu teint encore bien.

L'extrait méthylique teint vite, bien, fournit des nuances excessivement vives et pures, mais charge beaucoup le blanc, qui sort tout jaune des bains de teinture; heureusement que le blanc se rétablit sans peine par le savonnage.

Il est surprenant que les mordants teints avec cet extrait fournissent des nuances trois fois plus foncées que celles qu'ils auraient eues si on les avait teints en garance; cela vient de l'absence des matières étrangères acides, ainsi que du ligneux, qui dégradent fortement les mordants, ce qui oblige à les prendre d'autant plus forts, pour arriver à des nuances de même intensité, que la matière colorante de la garance est accompagnée de plus d'impuretés. Cela est si vrai, qu'il a fallu affaiblir tous les mordants lorsqu'on a substitué la fleur de garance à la garance, et qu'on devrait les réduire des deux tiers si on substituait à la fleur sa solution alcoolique ou méthylique.

Si, après teinture en extrait méthylique, on sèche l'étoffe et la soumet au vaporisage, il devient impossible d'en nettoyer le blanc, tant la matière jaune qui le salissait s'y est solidement attachée en lui communiquant la teinte rousse propre à la racine de garance. Desséché, puis chauffé à une une douce température, l'extrait méthylique se décompose en laissant un résidu charbonneux et donne un abondant sublimé d'alizarine en petites aiguilles du plus bel orange, et douées d'une force tinctoriale vraiment prodigieuse.

L'alcool. On broie 500 grammes de fleur de garance avec 1.200 grammes d'alcool à 89°C., macère pendant douze heures, en vase clos, à + 15° C. et filtre avec expression sur une toile fine. On obtient 425 grammes de teinture orange dont on imprègne un échantillon de toile à bandes mordantées, qu'on sèche à l'air. A mesure que l'alcool s'évapore, les mordants se teignent faiblement et les parties blanches jaunissent. Dès que l'échantillon est sec, on le passe en ammoniaque faible et le lave bien; les mordants ont leur teinte naturelle, mais le blanc est fortement rosé.

Lorsqu'on fait bouillir pendant quelques minutes 1 kilogr. de poudre de garance paluds, avec trois litres d'alcool à 89°, on obtient une solution orange, et tellement acide, qu'elle teint mal parce qu'elle attaque les mordants, même après avoir été étendue de quatre fois son volume d'eau. Quand on sature avec de la craie ce bain de teinture, les mordants s'y teignent aisément, mais prennent une couleur brune très-difficile à leur enlever, et qui provient de la forte proportion de résine brune que l'alcool a dissoute.

Pour préparer un bon extrait alcoolique de garance, il fallait donc laisser la poudre de cette racine et avoir recours à la fleur de garance, avec laquelle on a fait les essais suivants, dans le but de connaître le meilleur moyen de l'épuiser :

I. Fleur de garance de M. Julian Roquer. . . . .   50 gr.

Délayer avec :

     Alcool à 89° C. . . . .   1/2 lit!

Macérer douze heures en vase clos à 20° C., jeter sur une toile fine, exprimer et précipiter la solution avec 1 litre d'eau froide. Le précipité brun foncé est recueilli sur un filtre dont il teint les parois en rouge, ce qui prouve qu'il est neutre; il pèse, en pâte épaisse : 1 gramme 50 centigrammes.

  II. Comme I, à ceci près qu'on ajoute à l'alcool :

     Acide acétique à 8°. . . . .   10 gr.

Le précipité se dépose beaucoup plus rapidement que le précédent; il est d'un beau jaune vif, ne rougit pas le papier du filtre et pèse 2 grammes 50 centigrammes.

  III. Comme I, en ajoutant à l'alcool :

     Ammoniaque caustique. . . . .   10 gr.

La solution, violet foncé, additionnée d'acide acétique en excès, précipite une poudre noirâtre tellement fine, qu'il est impossible de la détacher du filtre.

  IV. V. Comme I et II; mais en faisant bouillir le mélange pendant cinq minutes et filtrant bouillant.

Les précipités ont la même couleur et le même poids que les deux premiers.

Pour apprécier la valeur tinctoriale de ces divers extraits, on a fait les essais de teinture suivants :

I et IV ont été teints chacun avec :

     Extrait correspondant. . . . .   0 gr. 75
     Eau. . . . .   1 lit.
     Étoffe mordantée. . . . .   500 CC.

On a monté le bain en trois quarts d'heure à l'ébullition, où on est resté un quart d'heure.

II et V ont reçu chacun 1 gramme 25 des extraits des mêmes numéros.

III a reçu le filtre entier.

VI, qui a servi de type, a reçu 10 grammes de fleur de garance.

Les résultats obtenus sont bien concluants; tandis que VI est magnifique sous tous les rapports, II et V sont de moitié plus faibles, mais les nuances en sont tout aussi belles. I et IV sont les plus faibles de tous; leurs nuances sont ternes. III, quoique un peu plus foncé que I et IV, présente des nuances ternes et tellement salies de jaune, que le violet en parait tout gris.

Lorsqu'on traite la fleur de garance par l'alcool seul, il est donc évident qu'on ne lui enlève que la moitié environ de sa matière colorante; qu'une addition d'ammoniaque n'augmente pas sa force dissolvante, et que le meilleur résultat est obtenu avec une addition d'acide acétique.

Ce résultat était à prévoir, puisque l'alizarine est un acide faible, que l'acide acétique sépare, sans aucun doute, d'avec les bases auxquelles il est uni dans la garance.

Partant de cette expérience, on a traité :

500 grammes fleur de garance, comme nous l'avons indiqué pour l'expérience n° II, avec 40 grammes acide acétique et 2 litres d'alcool. Après avoir filtré et exprimé, on a broyé le résidu avec 1 litre d'alcool et exprimé derechef. Les solutions réunies mesuraient 2 litres 50 centilitres, et, précipitées avec 10 litres d'eau froide ont fourni un précipité qui pesait, en pâte épaisse, 51 grammes 54 centigrammes.

Pour connaître la valeur tinctoriale de cet extrait, on a fait les essais suivants :

I. Type. — Fleur de Garance. . . . . 10 gr.
    Eau. . . . . 1 lit.
    Étoffe. 500 CC.

II. Comme I, en substituant à la fleur de garance :
    Extrait pâteux. 1.26

C'est le double équivalent de 10 grammes de fleur.

III. Extrait. 2.52

IV. Résidu de fleur de garance traité par l'alcool acétique. 20.00

On a conduit la teinture comme précédemment, et, comme on opère toujours de même, nous ne reviendrons pas à l'avenir sur ce détail.

II est de deux tiers environ plus faible que I, ce qui vient de ce que la majeure partie de l'extrait est restée insoluble et s'est attachée à l'étoffe, qu'elle a fortement tachée en brun.

III, aussi intense que I, a les nuances beaucoup plus vives et plus pures, sauf le violet qui est plus rouge.

IV est d'un tiers plus faible que I; mais, chose très-remarquable, le lilas en est tout aussi nourri et infiniment plus bleu; ce qui prouve, une fois de plus, que les mordants de fer se teignent plus aisément que ceux d'alumine, et surtout que c'est la présence de la résine brune qui ternit le violet, dans les expériences II et III.

Surpris du faible rendement de cet extrait, nous avons craint d'avoir employé trop d'acide acétique, et recommencé l'expérience avec les proportions suivantes :

Fleur de garance.. . . . .   500 gr.
Acide acétique. . . . .   20 —
Alcool à 89° C. . . . .   2 1/2 lit.

Chauffer au bain d'eau, et filtrer bouillant. Étendre la solution avec 10 litres d'eau froide, et filtrer. Le précipité, qui est du jaune le plus vif et le plus pur, pèse, en pâte épaisse, 112 grammes, et seulement 11 grammes 20 centigrammes après avoir été séché à 100°. Remarquons, en passant, que la plupart de nos dosages s'accordent à signaler, dans la fleur de garance seulement, 2 pour 100 de matière colorante brute, correspondant à demi pour 100 au plus du produit pur. Cet extrait brunit fortement à mesure qu'il perd de son eau, et se couvre d'une multitude de petites aiguilles soyeuses et orangées. Une fois sec, cet extrait présente tous les caractères des résines grasses; il s'écrase sous le pilon, sans se réduire en poudre, et tache fortement les doigts. Peu soluble dans l'eau froide ou bouillante, l'alcool, pur ou dilué, la benzine, la nitro-benzine, l'éther, les huiles grasses et siccatives, il se dissout facilement dans le chloroforme. Insoluble dans l'eau de chaux, il se gonfle d'abord, et finit par se dissoudre dans l'ammoniaque ainsi que dans les alcalis caustiques dilués; la solution ammoniacale est violette, tandis que la solution sodique est du bleu le plus intense et le plus pur. L'acide sulfurique à 66° AB. le dissout et l'abandonne sans altération lorsqu'on l'étend d'eau quelques minutes plus tard; mais, si l'action se prolonge, l'extrait de garance noircit de plus en plus, en sorte qu'au bout de quelques heures il est totalement charbonné. L'acide nitrique, même dilué, l'attaque violemment à chaud, et le transforme en acides carbonique et phtalique, sans produire la moindre trace d'acide oxalique.

Mêlé avec de l'eau, l'extrait alcoolique teint mal les mordants et jaunit fortement le blanc; mais, additionné d'assez de craie pour virer du jaune au cerise, il teint aisément et donne des nuances magnifiques, dont le violet, légèrement grisâtre, laisse seul à désirer.

La garancine offrant, sous le même poids, environ quatre fois plus de matière colorante que la fleur de garance, elle devait être plus facile à épuiser par l'alcool; c'est ce que l'expérience suivante a prouvé :

Garancine de M. Julian Roquer. . . . .   400 gr.
Alcool à 89° C. . . . .   4 lit.

ont été chauffés jusqu'à l'ébullition, et filtrés bouillants, puis exprimés. Le résidu a été repris, de même, avec 1 litre d'alcool; puis on a précipité les solutions réunies avec 10 litres d'eau froide. Après douze heures de repos, on a filtré et obtenu l'extrait en pâte épaisse, brun doré, pesant 88 grammes, et seulement 16 grammes après qu'on l'eut desséché à 100° C. Ce corps est presque noir et très-friable.

Afin de juger la force tinctoriale de l'extrait et le degré d'épuisement de la garance, on a fait les expériences suivantes :

    I. Type. — Garancine. . . . .   3 gr.
             Eau. . . . .   1 lit.
             Étoffes à bandes mordantées.. . . . .   500 CC.

    II. Comme I, en substituant à la garance :
        Teinture de garancine correspondant à 1.50 grammes
            de garancine. . . . .   10 gr.

    III. Teinture correspondant à 3 grammes de garancine. .   20 gr.

    IV. Teinture correspondant à 6 grammes de garancine. .   40 gr.

    V. Garancine épuisée. . . . .   3 gr.

    VI. Garancine épuisée. . . . .   6 gr.

    VII. Garancine épuisée.. . . . .   12 gr.

Il est, comme cela devait arriver, de moitié plus faible que I; mais toutes les nuances en sont plus bleuetées et analogues à celles de la garance, surtout le violet. III, presque aussi foncé que I, est bien plus beau; IV est trop foncé; le puce en est tout noir. V est très-faible, VI meilleur, VII presque égal en force à I; mais ces trois derniers échantillons présentent les nuances de la garancine tellement exagérées, que le violet en est tout gris.

Dans l'espoir de purifier l'extrait alcoolique de garancine, on l'a pulvérisé, puis épuisé avec de l'éther, et de nouveau évaporé à sec. La partie insoluble dans l'éther est rouge vif, celle qui s'y dissout est une masse poissante, et d'un brun foncé ; on les a essayées toutes deux comparativement à l'extrait brut.

    I. 12 centigrammes extrait alcoolique brut, correspondant à 3 grammes de garancine, ont été redissous à chaud dans 1 seizième de litre d'alcool à 89°, et versés dans 1 litre d'eau ; on y a teint 500 CC étoffes à bandes mordantées.

    II. Comme I, en substituant à l'extrait brut :
        Extrait insoluble dans l'éther.. . . . .   0.12

    III. Extrait soluble dans l'éther.. . . . .   0.12

    IV. 12 centigrammes d'extrait sulfurique préparé comme suit :
        On broie 10 grammes d'extrait brut avec 100 grammes d'acide sulfurique à 66° AB. ; après six heures de contact, on délaye avec 10 litres d'eau froide, filtre, lave jusqu'à ce que l'eau cesse d'être acide, et sèche.

Après teinture, on lave bien, et savonne tous les échantillons. I est faible en toutes nuances; le lilas en est rosé. II est intense et beau sous tous les rapports; le lilas en est admirable. III est le plus faible de tous; son lilas est gris et terne. IV ne diffère de II qu'en ce que ses nuances sont plus faibles. Ces essais démontrent que l'éther divise l'extrait alcoolique brut en matière colorante pure qui y est peu soluble, et matière brune qui s'y dissout aisément.

Poursuivant les essais de purification de l'extrait alcoolique brut en pâte, on l'a broyé avec deux fois et demie son poids d'acide sulfurique à 66° AB.; puis, douze heures plus tard, on a étendu le mélange de beaucoup d'eau, filtré et lavé jusqu'à neutralité.

Le résidu desséché à + 50° C. a été dissous à froid, et jusqu'à refus, dans le chloroforme; cette solution contient 6.725 grammes d'extrait sec pour 100 de chloroforme; elle a servi à faire les essais suivants :

I. Type. — Garancine. . . . .   5 gr.
Eau. . . . .   1 lit.
Étoffe à bandes.. . . . .   500 CC.

II. Comme I. en substituant à la garancine :
Solution chloroformique. . . . .   1 gr.

III. Solution chloroformique. . . . .   2 gr.

IV. Solution chloroformique. . . . .   5 gr.

V. Solution chloroformique. . . . .   5 gr.

VI. Solution chloroformique. . . . .   10 gr.

VII. Solution chloroformique. . . . .   20 gr.

La série A des essais n'a été passée qu'en eau bouillante, tandis que la série B a été savonnée à la même température, et à raison de 1 gramme savon blanc par litre. Les couleurs obtenues sont aussi brillantes que solides; elles ont la nuance de celles de la garance. Pour l'intensité, celle du type tombant entre celle des numéros V et VI correspond à 7 grammes 5 centigrammes de solution, soit à 504 milligrammes d'extrait, en sorte qu'il y a perte de matière colorante, puisque l'expérience de la page 28 prouve que 12 centigrammes d'extrait brut correspondent à 5 grammes de garance.

Cette apparente anomalie vient de ce que, la solution chloroformique étant plus lourde que l'eau, elle tombe au fond du vase où l'échantillon s'en imbibe en s'y tachant beaucoup et en empêchant ainsi la matière colorante d'entrer en solution.

La même expérience, faite en substituant l'alcool à 89° au chloroforme, a donné des résultats semblables, mais plus complets parce qu'il n'y a pas eu perte de matière colorante. Le seul fait important à ajouter est qu'ayant épuisé par l'alcool bouillant l'extrait traité par l'acide sulfurique, il est resté un résidu insoluble présentant tous les caractères du charbon pur.

La solution chloroformique filtrée, puis évaporée à sec, chauffée à 100° C. et brûlée, a fourni les nombres suivants :

	I.	II.	III.
Carbone.	68.99	69.40	69.31
Hydrogène.	5.51	5.55	5.60
Oxygène.	25.50	25.05	25.09
	100 00	100.00	100.00

Dont la moyenne est :

Carbone.	69.23
Hydrogène.	5.55
Oxygène.	25.22
	100.00

En traitant par une solution bouillante d'alun le même résidu de la solution chloroformique, précipitant la dissolution par l'acide sulfurique dilué et filtrant, on obtient d'abondants flocons orangés d'une part, et un résidu brun d'apparence résineuse, de l'autre. On lave les flocons restés sur le filtre, jusqu'à ce que l'eau soit neutre, les dessèche et les traite par l'alcool absolu bouillant, qui dissout la matière colorante et laisse un résidu de sulfate aluminique tribasique. La solution alcoolique, évaporée à sec, laisse un résidu jaune vif qui, desséché à 100° C., et soumis à la combustion, a donné les chiffres suivants :

	I.	II.	MOYENNE.
Carbone.	67.17	66.81	66.99
Hydrogène.	5.77	5.66	5.72
Oxygène.	29.06	29.55	29.29
	100.00	100.00	100.00

Ces derniers chiffres se confondent presque avec ceux que MM. Robiquet et Colin, Strecker et Debus, ont assignés à la composition de la purpurine, et, nos expériences ayant établi que le produit analysé par nous offrait tous les caractères possibles de pureté, plus le criterium essentiel dans le cas spécial, de teindre les mordants aussi bien que la garance en donnant des nuances encore plus pures, nous n'hésitons pas à regarder la purpurine comme la matière colorante pure de la garance et à accepter pour elle la formule $C^{18}H^6O^6$, proposée par MM. Robiquet et Colin.

Dans notre conviction, l'alizarine n'existe pas, et ce qu'on a pris pour ce principe n'est que de la purpurine plus ou moins souillée par des hydrogènes carbonés, ou des résines que l'éther, et mieux encore, la solution aluminique, peuvent seuls en isoler.

L'alcool ammoniacal. On prépare ce mélange en versant cinq litres d'alcool à 89° sur un mélange intime de 668 grammes chlorure ammonique et 550 grammes chaux vive ; on agite, laisse digérer pendant trois jours, et filtre.

Les teintures ont été obtenues en faisant macérer, pendant deux jours, 250 grammes de fleur de garance, ou de garancine, avec un litre d'alcool ammoniaqué, filtrant et exprimant. Un morceau de toile à bandes mordantées, plongé dans ces teintures et séché, se colore faiblement avec celle de garancine, et imperceptiblement avec celle de fleur de garance, ce qui prouve combien peu de matière colorante l'alcool ammoniaqué a dissous.

L'éther hydrique, employé au lavage de 100 grammes de garancine, a fourni un résidu pesant 90 grammes et teignant moins bien que la garancine pure ; les nuances obtenues étaient aussi moins belles ; le puce était maigre, et le violet rosé. Quant à la solution éthérée et mélangée avec de l'eau, elle tient fortement les mordants, mais donne des nuances souillées de jaune.

La **benzine** dissout aisément, à chaud, la matière colorante de la fleur de garance. Cette solution, jetée dans de l'eau bouillante, lui permet de teindre aisément les mordants, auxquels elle communique les nuances de la garance ; en même temps il se dépose d'abondants flocons de résine brune qui s'attachent fortement aux parois du vase de teinture. Si à ce bain on ajoute quelques gouttes d'eau de chaux, de manière à le faire virer au cerise, on obtient des nuances d'une admirable richesse ; le puce se change en grenat velouté ; le rouge, le rose, se violètent, et le violet se change en une espèce de bleu pourpré de toute beauté.

L'essence de térébenthine. On broie 500 grammes fleur de garance sèche avec 1.200 grammes essence de térébenthine, macère six heures à + 15° C. et filtre avec expression. Des échantillons mordantés, plongés dans cette solution, séchés à l'air, puis passés dans une solution légèrement ammoniacale, s'y colorent très-faiblement ; le blanc devient rose sale, tandis que les mordants se teignent à peine.

Lorsqu'on chauffe à 100° C. de la fleur de garance humide, avec un volume d'essence de térébenthine égal au sien, et qu'on filtre avec expression, on obtient une solution et un résidu qui, jetés dans de l'eau bouillante, teignent bien tous les deux ; mais le résidu donne des nuances infiniment plus pures que celles de l'essence, qui sont souillées par de la résine brune.

En faisant macérer pendant six heures, à + 15° C., 100 grammes garancine avec 500 grammes essence de térébenthine, filtrant et exprimant, on obtient une solution jaune qui ne teint pas, et un résidu qui pèse 211 grammes et donne des nuances presque aussi belles que celles de la garance ; il semble aussi que ce traitement donne un léger gain de matière colorante ; car, en employant 6 grammes de ce résidu, on teint sensiblement mieux qu'avec la dose correspondante de garancine pure, soit 5 grammes.

Encouragé par ce résultat, nous avons répété l'expérience de la manière suivante :

I. Dans un bocal en verre on introduit :

Garancine. . . . . 100 gr.
Essence de térébenthine. . . . . 300 —

On chauffe pendant une heure au bain-marie bouillant; ensuite on laisse refroidir, filtre et exprime; le résidu pèse 200 grammes, et la solution pèse aussi 200 grammes.

II. Comme I, à ceci près que le résidu exprimé a été broyé avec :

Sulfide carbonique. . . . . 300 gr.

puis jeté sur une toile et exprimé; le résidu pesait 162 grammes, et la solution 217 grammes.

Avec ces préparations on a fait les essais de teinture suivants :

I. Type. — Garancine. . . . . 5 gr.
       Eau. . . . . 1 lit.
       Toile à bandes. . . . . 500 CC.

II. Du n° I. . . . . 6 gr.

III. Du n° I. . . . . 12 gr.

IV. Du n° II. . . . . 4 gr.

V. Du n° II. . . . . 8 gr.

VI. 1 huitième de litre de la solution n° I, soit. . . . 108 gr.

VII. 1 huitième de litre de la solution n° II, soit. . . . . 158 gr.

Le plus beau de tous les essais est le n° V, après lequel vient III, et enfin VII, qui ressemble à I; II, IV et VI sont d'environ moitié plus faibles que I. Il est cependant un peu plus fort que IV; mais les nuances en sont bien moins pures.

Il est donc clair que si l'essence de térébenthine, employée à froid, purifie les nuances de la garancine, elle les affaiblit au contraire, sans les améliorer, lorsqu'on l'applique à chaud.

Le **sulfide carbonique** a fourni des résultats analogues, mais encore plus tranchés que ceux de l'essence de térébenthine.

100 grammes garancine ont été broyés avec 500 gr. sulfide carbonique, macérés pendant six heures, à + 15° C., et filtrés avec expression; le résidu pesait 96 grammes. Ce résidu, essayé en teinture, comparativement à un poids égal de garancine, a donné des couleurs tout aussi nourries, mais infiniment plus vives et plus pures; surtout le violet. Un fait curieux et inexplicable est que le sulfide carbonique qui a servi à cette préparation a fort bien teint les mordants, après avoir été étendu d'eau, et que les couleurs obtenues ainsi étaient plus pures que celles de la garancine brute.

Il faut donc que le sulfide carbonique agisse en rendant la matière brune insoluble, ou en la modifiant de manière à empêcher qu'elle ne s'unisse aux mordants.

Lorsqu'on opère à chaud, la matière colorante se dissout et se dépose par le refroidissement en brillantes paillettes orangées d'alizarine pure.

Les **acides** ont généralement une action déplaçante sur la matière colorante de la garance; l'acide sulfurique concentré seul la dissout, pour la charbonner ensuite.

C'est Beckmann qui, le premier, a observé qu'un acide versé dans une solution aqueuse de garance en précipite des flocons bruns, que Chaptal reconnut être formés de matière colorante.

Il y a plus encore; car M. Daniel Kœchlin a découvert qu'en appliquant de l'acide oxalique sur des couleurs garancées, et en fixant à la vapeur, la matière colorante quitte le tissu et va se fixer sur les plis placés au-dessous. Une jolie application industrielle de ce fait a eu lieu à Claye dans la fabrication des meubles, où, pour obtenir de beaux roses, dans de grandes fleurs rouges, on imprimait sur elles une solution faible et gommée d'acide oxalique, qui, après le vaporisage, changeait en beau rose vif tous les points sur lesquels on l'avait appliquée.

L'acide nitrique détruit la matière colorante. On délaye 500 grammes de garance paluds dans 5 litres d'eau additionnée de 50 grammes acide nitrique à 36° AB., et laisse macérer le tout pendant douze heures à + 15° C. On ajoute alors 2 litres d'eau, jette sur une toile, lave, exprime et sèche à + 50° C. Le résidu ne pèse plus que 356 grammes, ce qui porte à 14 grammes 2 centigrammes son équivalent à 10 grammes fleur de garance. Essayé sous ce poids, le nouveau produit donne des couleurs plus faibles que celles de la fleur de garance, et fortement salies par de la matière jaune.

Nous avons obtenu des résultats analogues en opérant sur la garancine, qui a perdu 30 pour 100 de sa matière colorante. L'acide nitrique dilué change la teinte brun-noir de la garancine en vert foncé.

L'acide acétique dissout mal la matière colorante, comme on va le voir. On chauffe pendant une heure dans un bain-marie bouillant : 500 grammes garancine avec 2 litres d'acide acétique du commerce, filtre bouillant, et verse dans 10 litres d'eau froide. Il se précipite quelques flocons bruns qui, après avoir été bien lavés, teignent mal, et donnent les couleurs de la garancine, mais fortement ternies par du jaune.

Les **alcalis**, par contre, ont presque tous une grande affinité pour la matière colorante, qu'ils dissolvent en plus ou moins grande quantité.

Leuchs déjà remarque que la potasse décolore la garance en se teignant en violet; mais il n'y a pas moyen d'utiliser cette réaction pour extraire la matière colorante de la garance, à cause des pectates qui se forment et qui encrassent les toiles et les papiers, de manière à rendre la filtration impossible. Pour éviter cet inconvénient, nous avons eu recours au charbon sulfurique, dont l'emploi indiqué par Robiquet nous a directement conduit au but.

500 grammes fleur de garance, exprimée en pâte épaisse, correspondant à un poids à peu près égal de garance sèche, ont été broyés avec 500 grammes d'acide sulfurique à 66° AB. ajouté peu à peu, et par petites portions, de manière à éviter l'échauffement du mélange.

Le mélange est abandonné pendant trois jours à lui-même, à une température de + 15° C., étendu de 5 litres d'eau froide, bien lavé, filtré et exprimé. On délaye le résidu dans 5 litres d'eau froide, ajoute 500 grammes soude caustique à 25° AB., laisse reposer vingt-quatre heures, filtre, précipite avec un excès d'acide sulfurique dilué, et recueille sur une toile le précipité, qui pèse en pâte épaisse et brun foncé exactement 50 grammes. Cet extrait, employé seul, donne les nuances de la garancine, et celles de la garance lorsqu'on l'additionne d'un peu de craie.

Comme son poids correspond à un poids décuple de la fleur employée, on l'a essayé à la dose de 2 grammes et 2 centigrammes de craie contre 20 grammes de garance, et obtenu des couleurs infiniment plus vives, quoique tout aussi solides, et un peu plus intenses. Cet extrait utilise donc toute la matière colorante de la garance et la purifie.

Ainsi qu'on devait s'y attendre, on a moins bien réussi avec la garancine, qui retient beaucoup plus d'impuretés que le charbon sulfurique.

On broie 500 grammes de garancine avec 1 demi-litre soude caustique à 25° AB., macère pendant douze heures, étend avec 2 litres et demi d'eau bouillante, et jette sur une toile, puis exprime. On précipite cette solution avec de l'acide acétique, filtre et lave le précipité, qui, essayé en teinture, sature bien les mordants, mais leur communique une désagréable nuance due à la forte proportion de matière brune qu'il contient.

Avec la garance lavée, les résultats sont aussi mauvais.

Garance paluds.	1000 gr.
Chloride hydrique du commerce.	1000 gr.
Eau.	10 lit.

Faire bouillir pendant une heure, laisser refroidir, filtrer, exprimer, puis délayer le résidu avec 10 litres d'eau, et 1 litre soude caustique à 25° AB. On abandonne le mélange à lui-même pendant douze heures, filtre, exprime et précipite la solution avec de l'acide acétique en excès. Le précipité, recueilli sur une toile, est brun foncé, très-divisé, et pèse, en pâte épaisse, 500 grammes.

C'est avec lui qu'on a fait les essais de teinture suivants :

I. Garance paluds.	20 gr.
Eau.	1 lit
Toile à bandes.	500 CC.

II. Comme I, mais avec :
Précipité sodique. . . . . 10 gr.

III. Précipité sodique. . . . . 20 gr.

IV. Comme III, plus :
Eau de chaux. 5 gr.

V. Eau de chaux. 10 gr.

VI. Eau de chaux. 20 gr.

VII. Eau de chaux. 50 gr.

II est d'au moins un quart moins intense que I; il offre à un très-haut degré, et surtout pour le violet, les nuances de la garancine. III est égal à I, pour l'intensité. A partir de IV la teinte jaune de la garancine s'efface graduellement sans que les nuances s'affaiblissent, ce qui n'arrive qu'à VII, dont le violet est cependant encore plus bleueté que celui de VI.

Comme dans l'expérience précédente le produit obtenu était brun foncé, nous avons craint que la réaction du chloride hydrique sur le sucre n'y eût joint de l'acide ulmique; afin de nous mettre à l'abri de cette chance d'altération, nous avons répété l'expérience comme suit :

Garance paluds. 1000 gr.
Eau. . . . . 8 lit.

Macérer pendant douze heures, à + 15° C., filtrer et exprimer.

Le résidu est alors délayé dans 10 litres d'eau additionnée de 1 litre chloride hydrique, et traité comme la première fois. Quoique le mélange n'ait pas noirci, l'extrait obtenu est encore brun foncé; mais il est en gros flocons très-hydratés, puisqu'il pèse 860 grammes et donne à la teinture d'aussi mauvaises nuances que celles du précédent essai.

Afin de découvrir de quelle nature est le principe jaune foncé ou brun qui, dans l'extrait sodique, ternit les couleurs de l'alizarine, on a desséché à 100° l'extrait obtenu dans le traitement précédent, puis on l'a réduit en poudre fine qu'on a soumise aux expériences suivantes :

On a fait bouillir pendant une heure chaque fois, et cinq fois de suite, 50 grammes d'extrait avec 500 grammes alun, et 10 litres d'eau, décanté la solution qui est du plus bel orange, et précipité chaque fois avec 500 grammes d'acide sulfurique à 66° AB., dilué avec 1 litre d'eau. Le premier précipité, desséché à 100° C., pesait 7 grammes; le second, 2 grammes 5 décigr.; le troisième, 1 gramme 5 décigr.; les deux derniers étaient impondérables. Tous ces précipités ont été lavés jusqu'à ce que les eaux de lavage fussent neutres; ils se dissolvent complétement dans l'eau ammoniacale, à laquelle ils communiquent une admirable teinte groseille. Chauffé en vase clos, le précipité ne fond pas, se décompose en dégageant d'abondantes vapeurs d'alizarine, et laissant un résidu d'oxyde aluminique souillé par des traces d'acide sulfurique et de charbon.

Le résidu épuisé par l'eau d'alun et séché à 100° C. est brun-noir ; il pèse 25 grammes.

5 grammes de ce résidu, chauffés à feu nu, ne fondent pas, dégagent des vapeurs très-acides ayant d'abord l'odeur de tourbe brûlée, puis l'odeur fade des graisses, et laissent 2 grammes de cendres formées d'oxyde aluminique, avec des traces d'acide silicique et de carbonate calcique.

On épuise le reste du résidu, pesant 20 grammes, avec de l'éther bouillant qui enlève 1 gramme 75 centigrammes d'une graisse brune qui retient des traces de matière colorante, à moins qu'elle ne soit elle-même la matière colorante brune qui souille l'alizarine dans les racines de garance; le fait est qu'elle communique à la toile mordantée des couleurs ternes, qu'elle teint les mordants de fer en gris, et salit fortement le blanc, qu'elle jaunit.

Reprenant par l'ammoniaque faible le résidu insoluble dans l'éther, on lui enlève une matière brun foncé qui, précipitée par l'acide acétique, offre tous les caractères de l'acide ulmique, et pèse 1 gramme 25 centigrammes; dans la solution on trouve de l'acide malique.

Le résidu épuisé par l'ammoniaque est bouilli avec du chloride hydrique faible, qui ne lui enlève que de l'oxyde aluminique; on le lave bien et le sèche; il ne pèse plus alors que 11 grammes.

5 grammes calcinés en vase clos ne dégagent pas d'alizarine; mais bien des vapeurs ayant l'odeur de tourbe brûlée; le résidu calciné à l'air est formé d'oxyde aluminique pesant 1 gramme 1 centigramme.

5 grammes bouillis avec de la soude caustique diluée s'y dissolvent totalement en brun foncé. La solution, décomposée par du chloride hydrique, laisse précipiter d'abondants flocons d'acide ulmique pesant secs 4 grammes; dans la liqueur reste 1 gramme d'oxyde aluminique.

Il est évident, d'après ces expériences, que la matière jaune de la garance est composée d'une substance grasse jaune foncé, et d'acide ulmique brun.

L'ammoniaque dissolvant mal l'acide ulmique, il était à croire qu'elle donnerait des extraits plus purs que ceux de la soude; on va voir qu'il n'en est nullement ainsi, tant est considérable la force tinctoriale de cette affreuse matière jaune.

On fit une pâte avec 200 grammes fleur de garance, 1 litre eau, et 20 grammes ammoniaque caustique, enferma le mélange dans un vase clos, où on le laissa pendant quarante-huit heures, au bout desquelles on l'étendit de 2 litres d'eau bouillante, le jeta sur une toile, et filtra. Le résidu broyé avec 1 litre d'eau fut exprimé une seconde fois. On précipita les solutions réunies par de l'acide acétique en excès, et recueillit sur une toile la matière colorante, brune et très-déliée, qui pesait 60 grammes en pâte épaisse et seulement 6 grammes après qu'on l'eut desséchée à 100° C.

Employé en teinture, ce précipité donne des nuances très-intenses ; moins belles toutefois que celles de la garance et ayant déjà de la tendance à ressembler aux couleurs garancine; épaissi à la gomme, et appliqué sur des mordants, puis vaporisé, il les teint bien; mais salit beaucoup le blanc, qu'il colore en jaune. Cette teinte jaune n'est cependant due qu'à de l'alizarine presque pure, puisque les alcalis la font virer au violacé, et que les acides la ramènent au jaune, dont la teinte vive et pure est, du reste, facile à distinguer de celle qui est propre aux principes bruns de la garance.

Précipitée par des solutions aluminiques, stanniques et ferriques, la solution ammoniacale de fleur de garance fournit de belles laques rouges, ou violettes très-foncées; elle n'en donne pas avec les sels stanneux ou ferreux. Ces laques pures, ou additionnées d'acide, ou de divers sels, puis imprimées, vaporisées, et lavées, n'adhèrent qu'imparfaitement aux tissus.

Les résultats sont bien différents lorsqu'on opère sur la garancine. On mélange 100 grammes de garancine avec 1 litre d'eau, et 50 grammes d'ammoniaque caustique, macère pendant six heures, filtre, exprime, et répète cinq fois de suite l'opération. Les solutions recueillies séparément sont précipitées par de l'acide acétique en excès qui sépare des premières d'abondants flocons bruns, et ne précipite plus la cinquième, ce qui indique qu'il suffit de 4 litres d'eau et de 200 grammes d'ammoniaque pour épuiser 100 grammes de garancine. Le précipité pesait, en pâte épaisse, 140 grammes, et sec, 16 grammes 5 centigrammes. Cet extrait teint mal, et donne des nuances brunes, ce qui vient de l'énorme proportion de graisse brune qu'il retient.

Voyant l'impossibilité de séparer par l'ammoniaque l'alizarine d'avec les matières colorantes brunes qui l'accompagnent, nous avons essayé de traiter la garancine par l'ammoniaque gazeuse, afin d'en rendre la matière colorante plus soluble dans l'eau. Dans ce but on a broyé :

avec
Garancine. . . . . 100 gr.

Ammoniaque caustique. . . . . 10 gr.

et chauffé le mélange à 100° C., puis procédé aux essais de teinture que voici :

I. Type. — Garancine. . . . . 3 gr.
Eau. . . . . 1 lit.
Toile à bandes. . . . . 500 CC.

II. Garancine ammoniacale. . . . . 3 gr.

Le résultat est des plus intéressants; car le n° II a presque les nuances de la garance; le puce en est mordoré, le rouge et le rose violetés, et le violet bien bleu. Cette action ne s'explique qu'en admettant que l'alizarine étant devenue plus soluble dans l'eau, par son union avec l'ammoniaque, elle se sépare de la matière brune qui reste unie au ligneux.

Le **carbonate sodique**, employé à l'épuisement de 100 grammes de garancine par un procédé identique à celui de la soude caustique, a fourni 10 grammes d'extrait sec, d'un brun foncé, qui teint mal; il communique aux mordants les couleurs exagérées de la garancine.

Le **savon**. Lorsqu'on chauffe au bain-marie, pendant une heure, et dans un vase de verre :

Garancine.	100 gr.
Savon blanc en minces copeaux.	50 gr.
Eau.	2 lit.

et qu'on filtre, on obtient une solution violet foncé dans laquelle les mordants se teignent facilement à froid, sans cependant qu'ils puissent jamais s'y saturer. Cette solution, précipitée par un excès d'acide acétique, se prend en une gelée épaisse que l'agitation réduit aisément en grumeaux faciles à recueillir sur une toile et à exprimer ; l'eau qui s'en écoule est jaune vif; mais ne retient plus d'alizarine. Le précipité pèse, en pâte épaisse, 400 grammes, et seulement 28 grammes après avoir été desséché ; pendant cette opération, toute la surface du précipité se couvre d'une multitude de belles aiguilles déliées, orange vif, d'alizarine pure. L'extrait gras teint avec la plus grande facilité les mordants, pourvu qu'on ait neutralisé d'abord l'acide qu'il peut retenir avec un peu de craie[1].

L'épuisement de la garancine par ce procédé est aussi complet que possible, puisqu'il suffit de 10 grammes extrait pâteux pour teindre aussi fortement que 5 grammes garancine, tandis que son équivalent est de 12 grammes ; il y a donc même un léger gain de colorant. Lorsqu'on emploie l'ammoniaque pour neutraliser l'acide, le bain de teinture se colore à 100° C. en ponceau d'un éclat incomparable ; mais, chose étrange, il ne teint plus.

Cet extrait offre encore une autre particularité, c'est de perdre sa force tinctoriale au contact du cuivre : ainsi l'extrait savonneux préparé dans des vases de cuivre ne teint pas; bien plus, il suffit d'agiter un bain de teinture avec une spatule de ce métal pour qu'aussitôt il cesse de teindre.

L'extrait savonneux donnant aux mordants les couleurs garancine, on a procédé aux essais suivants, dans l'espoir d'en modifier la nuance :

1. Extrait savonneux de garancine.	100 gr.
Savon blanc.	15 gr.
Eau.	1 lit.

---

[1] Lorsqu'on délaye cet extrait gras avec suffisante quantité d'ammoniaque caustique, pour en faire une pâte liquide, et qu'on l'applique à la brosse sur des tissus mordantés, la matière colorante s'unit à eux. On laisse reposer 12 heures dans une chambre humide, chauffée à + 15° C., puis lave, savonne, et obtient des couleurs vives, nourries, mais salies par un reflet jaune. Le blanc de ces tissus est aussi extrêmement difficile à nettoyer Le fait de cette teinture à froid est un des plus intéressants que présente toute l'histoire des matières colorantes.

II. Comme I, en substituant au savon blanc :
Cyanoferrite potassique. . . . .   10 gr.

III. Phosphate sodique. . . . .   10 gr.

IV. Biborate sodique. . . . .   10 gr.

V. Savon blanc. . . . .   15 gr.
Infusion de noix de galle à 6° AB. . . . .   10 gr.

On fait bouillir chacun de ces bains et y passe pendant cinq minutes un échantillon de 500 CC. de toile à bandes, qu'on nettoie ensuite en eau chaude. I est le plus beau de tous ; après lui vient III, qui est plus faible, puis V et enfin II, qui est le plus faible de tous ; IV a le plus beau rose, ainsi que le plus beau lilas, mais le rouge en est terne et brun. Afin d'avoir un extrait moins chargé de matière brune, on a opéré sur du carmin de garance, qui est une espèce de fleur, concentrée par l'action de l'acide sulfurique dilué. Dans ce but, on fit bouillir 500 grammes carmin de garance avec 10 litres d'eau et 200 grammes savon blanc, filtra, exprima et reprit le résidu avec 10 litres d'eau et 50 grammes savon blanc. Les solutions réunies furent divisées en deux portions égales qu'on précipita, l'une par l'acide acétique, et l'autre par l'acétate calcique.

Essayés en teinture, ces deux extraits donnèrent, à poids égal, des nuances de même intensité ; mais, tandis que le précipité acétique présentait les nuances de la garancine, le précipité calcique les avait toutes plus pures et analogues à celles de la garance.

Cette expérience, répétée avec de la fleur de garance, donne des résultats identiques à ceux qu'on a obtenus avec le carmin.

Lorsqu'on fait bouillir 100 grammes de précipité savonneux avec 50 grammes d'alun et 1 litre d'eau, celle-ci se charge de l'alizarine, qu'elle dépose en flocons orangés à mesure qu'elle se refroidit. Lorsqu'on substitue à l'alun du sulfate ferreux, le précipité se colore en beau violet, tandis que l'eau reste incolore.

Une addition de **sulfate sodique,** bien loin de favoriser la dissolution de la matière colorante, l'empêche totalement de se dissoudre ; car, en faisant bouillir 100 grammes garancine avec 1 litre d'eau et 500 grammes de ce sel, à feu nu, et filtrant bouillant, l'eau passe incolore.

Les **corps réducteurs** sont, comme on va le voir, sans action appréciable sur la matière colorante.

On mélange :

I. Fleur de garance. . . . .   100 gr.
avec
Ammoniaque caustique. . . . .   100 gr.
Zinc en grenailles. . . . .   50 gr.
Eau froide.   1 lit.

Après douze heures de contact, on jette sur une toile et exprime.

II. Comme I, en substituant au zinc :
Sulfate ferreux. . . . . 100 gr.

III. Chlorure stanneux. . . . . 100 gr.

La solution I ne diffère en rien d'une solution ammoniacale pure ; les n°s II et III ne sont que faiblement colorés en jaune. Toute l'alizarine est restée insoluble, sans doute en combinaison avec les oxydes métalliques.

Pour empêcher la combinaison de la matière colorante avec l'oxyde métallique, on a chauffé pendant une heure au bain-marie bouillant :

Garancine. . . . . 500 gr.
Chlorure stanneux.. . . . . 500 gr.
Acide acétique. . . . . 1 lit.

On a filtré bouillant et obtenu seulement un léger précipité rouge brique.

L'alun, ne dissolvant que l'alizarine, devait offrir des résultats beaucoup plus tranchés que tous les autres dissolvants ; c'est aussi ce qu'on a trouvé ; il est fâcheux que ce sel retienne tellement peu de matière colorante, que son emploi en grand en devienne impossible à cause des frais d'extraction.

John est le premier qui ait remarqué que l'eau d'alun enlève à chaud, à la garance lavée, une matière colorante orangée, dont la solution, traitée par la potasse en excès, laisse précipiter une laque violette, tandis qu'une matière jaune reste en dissolution.

Plus tard, Leuchs, en répétant cette expérience, observa que l'eau d'alun n'épuise pas la garance, puisque, après elle, l'alcool bouillant lui enlève encore de la matière colorante. Nous avons vérifié ce fait.

M. Millet indique de faire bouillir trois fois de suite 500 grammes de garancine avec 5 litres d'eau et 500 grammes d'alun la première fois ; avec 100 grammes seulement de ce sel la seconde et la troisième fois. On filtre bouillant, réunit les trois solutions et les précipite avec 500 grammes acide sulfurique à 66° AB. étendu avec 1 litre d'eau. Le précipité, qui est de l'orange le plus vif, pèse 140 grammes en pâte épaisse et bien égouttée, et, séché à 100°, 7 grammes.

Lorsqu'on traite 2 kilog. fleur de garance mouillée, correspondant à un poids égal de garance paluds, par 2 kilog. alun et 8 litres d'eau, qu'on fait bouillir une heure, filtre bouillant et précipite avec 1 kilog. acide sulfurique à 66° AB., étendu d'eau, et qu'on filtre, on obtient un précipité orangé qui pèse, bien égoutté, 510 grammes.

De quelque dérivé de la garance que cette matière colorante ait été extraite, le précipité présente les mêmes caractères : peu soluble dans l'eau, davantage dans l'alcool et le sulfide carbonique, il se dissout aussi dans l'éther, qui, en s'évaporant, l'abandonne sous forme de belles écailles orangées. Employée en teinture, cette substance donne des bains acides dont la réaction est due à ce qu'elle retient 25 pour 100 de son poids de sulfate aluminique basique; aussi ne teint-elle que lorsqu'on la neutralise avec un peu de craie; elle donne alors des couleurs aussi nourries qu'éclatantes; le violet seul reste un peu rosé, sans doute à cause de la présence de l'oxyde aluminique dans le bain de teinture.

Comme corollaire de ces divers procédés d'extraction de la matière colorante, nous allons exposer quelques-uns des essais que nous avons faits dans le but d'en appliquer les produits directement sur les tissus :

PREMIÈRE SÉRIE.

    I. Eau. . . . .   1 2 lit.
       Extrait alcoolique sec de garance. . . . .   25 gr.
       Alun. . . . .   25 gr.
       Acide tartrique.   10 gr.
       Carbonate sodide cristallisé. . . . .   25 gr.
       Gomme. . . . .   200 gr.

Cuire; à froid, ajouter 10 grammes d'ammoniaque caustique, et imprimer douze heures plus tard.

    II. Comme I, en substituant à l'alun :
        Nitrate ferrique à 48° AB. . . . .   25 gr.

Vaporiser, passer en eau de craie bouillante, et laver; I donne une teinte rose jaunâtre, et II un brun sale.

DEUXIÈME SÉRIE.

       Extrait sec. . . . .   5 gr.
broyer avec
       Soude caustique à 25° AB. . . . .   1/16 lit.
       Eau.. . . . .   1 16 lit.
ajouter, douze heures après :
       Eau.. . . . .   7 16 lit.
et épaissir à froid avec
       Dextrine. . . . .   250 gr.

Imprimer sur toile mordantée par les oxydes aluminique, ferrique et stannique; laisser reposer douze heures et passer en eau de chaux trouble et froide; on n'obtient ainsi qu'un mauvais rose terne et très-pâle.

On obtient un résultat tout aussi mauvais en dégommant les échantillons dans une solution bouillante de chlorure ammonique, au lieu d'eau de chaux.

TROISIÈME SÉRIE.

       Extrait sec.. . . . .   5 gr.
       Dextrine.. . . . .   125 gr.
       Nitrate alumique à 15° AB. . . . .   1 4 lit.

Macérer douze heures à froid avant d'imprimer, puis laisser reposer I pendant douze heures, et vaporiser II. puis les laver. I n'est que d'un rose très-pâle, tandis que II est assez foncé, mais fortement coulé.

QUATRIÈME SÉRIE.

Extrait sec.	10 gr.
Ammoniaque.	10 gr.
Savon vert.	10 gr.
Dextrine.	250 gr.
Eau.	1/2 lit.

Macérer douze heures à froid, puis imprimer sur toile à bandes; laisser reposer I pendant douze heures, vaporiser II, puis les passer ensemble en ammoniaque faible, et les nettoyer en eau chaude. II est d'un bon tiers plus fort que I; mais les nuances sont ternies par du jaune, et le blanc fortement sali.

CINQUIÈME SÉRIE.

I.
Eau..	1/2 lit.
Ammoniaque.	10 gr.
Amidon blanc..	75 gr.
Savon vert.	10 gr.
Extrait sec.	10 gr.

Cuire.

II. Comme I, plus :
Cyanoferrite potassique..	25 gr.

III. Comme I, auquel on ajoute au sortir du feu :
Alun.	20 gr.
Acide tartrique.	10 gr.

IV. Comme II, plus, et au sortir du feu :
Alun.	25 gr.
Acide tartrique.	10 gr.

Imprimer I sur toile à bandes mordantées, II sur tissu pur, III et IV sur toile stannatée. Vaporiser, dégommer en ammoniaque faible, et savonner. I teint bien tous les mordants, mais salit le blanc; II donne un violet inégal, mais d'une belle nuance; III n'est qu'un mauvais rose, et IV ne donne qu'un gris violacé.

SIXIÈME SÉRIE.

I.
Eau..	1/2 lit.
Ammoniaque.	10 gr.
Amidon blanc..	80 gr.
Savon vert.	10 gr.
Extrait sec.	10 gr.

Cuire, et ajouter au sortir du feu :
Acide acétique.	10 gr.

II. Comme I, en subtituant à l'acide acétique :
Acide tartrique. . . . .   5 gr.

Imprimer sur toile mordantée en acétate aluminique, à 400 grammes d'alun par litre, dégommer et sécher. On vaporise, dégomme en ammoniaque faible, et savonne. I fournit un beau rouge très-foncé; II est moins foncé, mais plus vif.

Ces quelques exemples suffisent pour faire juger comment nos essais ont été faits; nous passerons à l'avenir sous silence tous ceux qui, étant négatifs, n'ont pas un intérêt scientifique, et ne décrirons plus que ceux qui ont donné des résultats utiles.

SEPTIÈME SÉRIE.

Extrait alcoolique pâteux [1]. . . . .   1/16 lit.
Ammoniaque.. . . . .   10 gr.

Macérer douze heures, puis ajouter :
Eau.. . . . .   1/16 lit.
Eau de gomme à 1000 grammes par litre. . . . . .   1/8 lit.

Cuire; imprimer sur toile mordantée à 400 grammes d'alun, vaporiser, dégommer en ammoniaque faible, et savonner. On obtient ainsi un rouge sang de toute beauté et parfaitement lisse.

On obtient un charmant gris à reflets roses très-vifs, à l'aide de la préparation suivante :

Extrait sec . . . .   40 gr.
Broyer avec :
Eau.. . . . .   1/16 lit.
Ajouter :
Ammoniaque.. . . . .   40 gr.
Macérer douze heures, puis ajouter :
Eau.. . . . .   1 8 lit.
Nitrate cupricoammonique à 10° AB. . . . .   1 16 lit.
Eau de gomme à 1000 grammes.. . . . .   1 4 lit.
Cuire, vaporiser et laver.

HUITIÈME SÉRIE.

I. Extrait sec..   40 gr.
Broyer avec :
Eau.. . . . .   1 8 lit.
Ammoniaque. . . . .   40 gr.

[1] Cet extrait provient de la fabrique de M. Julian Roquer, d'Avignon; il vaut 10 fois son poids de poudre de garance, et 40 fois lorsqu'il est sec.

Macérer pendant quarante-huit heures, ajouter :

    Eau.. . . . .   1/8 lit.
    Eau de gomme à 1000 grammes. . . . .   1/4 lit.
Cuire.

    II. Comme I, en substituant à l'eau de gomme :
    Eau.. . . . .   1/4 lit.
    Amidon blanc.. . . . .   80 gr.

    III. Comme II: mais épaissi avec :
    Amidon grillé.. . . . .   200 gr.

Vaporiser et savonner.

I est d'un rose foncé; II, rouge très-foncé; III, rouge moyen, mais vif et
un peu orangé.

NEUVIÈME SÉRIE.

Lorsqu'on délaye dans :

    Eau de gomme à 1000 grammes.. . . . .   1/8 lit.
    Extrait pâteux. . . . .   40 gr.

qu'on ajoute :

    Chlorure stanneux.. . . . .   10 gr.
    Acide oxalique. . . . .   10 gr.
    Eau.. . . . .   1/8 lit.

qu'on chauffe, qu'on imprime sur laine ou sur soie, et qu'on vaporise,
on obtient un orange aussi brillant que solide. Cette couleur, coupée avec
de l'eau de gomme à 500 grammes, fournit une série de tons qui se dégradent avec la plus grande régularité, jusqu'au chamois le plus clair.

DIXIÈME SÉRIE.

    Extrait pâteux.. . . . .   100 gr.
Délayer avec :

    Ammoniaque.. . . . .   1 16 lit.
    Eau.. . . . .   1 16 lit.

Macérer douze heures, puis ajouter :

    Eau.. . . . .   1 8 lit.
    Gomme. . . . .   125 gr.
    Tartro-acétate cuivrique à 28° AB.. . . . .   5 gr.

Cuire; imprimer sur toile pure, vaporiser et laver; on obtient ainsi un
puce clair, mais vif.

ONZIÈME SÉRIE.

On obtient facilement des dessins avec trois rouges, à l'aide des trois préparations suivantes :

BAIN ROUGE.

Extrait pâteux.. . . . . 1 2 lit.
Ammoniaque caustique.. . . . . 1 16 lit.

Macérer douze heures en vase clos, et passer au tamis de soie.

ROUGE FORT.

Bain rouge.. 5/16 lit.
Eau.. . . . . 1/16 lit.
Amidon blanc.. . . . . 60 gr.
Cuire.

ROUGE MOYEN.

Bain rouge.. 1 8 lit.
Eau.. . . . . 1 8 lit.
Amidon grillé. . . . . 100 gr.
Cuire.

ROSE.

Bain rouge.. 1 16 lit.
Eau de gomme à 500 grammes. . . . . 1 4 lit.

Imprimer sur toile aluminée à 400 grammes par litre, vaporiser et laver.

Les couleurs ainsi préparées sont vives, tranchées et très-solides. La toile aluminée à 400 grammes, pour ces essais, est préparée comme suit : on plaque le tissu en acétate aluminique à 400 grammes alun par litre, le sèche et l'expose pendant douze heures à l'étendage des mordants, puis on le dégomme en silicate faible, à 50° C., le lave bien et le sèche. Une couleur préparée avec :

Extrait pâteux. . . . . 1 2 lit.
Eau de gomme à 1 kilogramme. . . . . 1 2 lit.

et chauffée, donne sur toile aluminée des rouges de toute magnificence et d'une solidité parfaite.

DOUZIÈME SÉRIE.

Lorsqu'on délaye l'extrait savonneux (p. 58) avec suffisante quantité d'ammoniaque caustique pour en faire une pâte liquide qu'on applique à la brosse sur des tissus mordantés, qu'on sèche, vaporise, dégomme en ammoniaque diluée et savonne bouillant, on obtient des nuances vives, bien nourries; mais avec la teinte de la garancine, et un blanc sale et très-difficile à nettoyer.

En faisant l'inverse, c'est-à-dire en imprimant les mordants sur la toile préparée avec l'extrait savonneux, on n'obtient que des résultats négatifs.

Nous n'avons pu réussir à fixer les laques d'extrait savonneux sur le tissu pur ou préparé, quoique nous l'ayons essayé de toutes les manières imaginables.

Un fait intéressant est que l'extrait savonneux employé en teinture communique aux mordants les nuances de la garancine lorsqu'on l'emploie seul; il leur donne au contraire celles de la garance, lorsque, au lieu de le précipiter par l'acide acétique, on lui substitue une solution d'acétate calcique.

Il faut sans doute attribuer cette différence à ce que la matière jaune qui, dans le premier cas, est libre, reste unie avec la chaux dans le second.

TREIZIÈME SÉRIE.

Lorsqu'on fait bouillir 500 grammes de garancine avec 50 grammes sulfate aluminique et 5 litres d'eau, qu'on filtre et précipite la solution par de l'ammoniaque en excès, on obtient une laque qu'on recueille sur une toile et égoutte bien.

Laque ci-dessus	250 gr.
Dextrine	250 gr.
Acide tartrique	50 gr.
Eau	1/8 lit.

Cuire, vaporiser et laver; on n'obtient qu'un rose faible et terne.

QUATORZIÈME SÉRIE.

En traitant la garancine par le nitrate aluminique à 15° AB , on obtient un extrait qui, gommé à froid, puis imprimé, reposé douze heures, et passé en ammoniaque diluée, donne un joli rose faible. Si on vaporise cette préparation, la couleur se détruit en s'oxydant sous l'influence de l'acide nitrique.

QUINZIÈME SÉRIE.

Comme l'ammoniure cuivrique attire fortement la matière colorante de la garance dans les bains de teinture, on l'a employé à la préparation suivante :

Garancine	100 gr.
Acétate cuivrique	25 gr.
Ammoniaque	50 gr.
Gomme	250 gr.
Eau	1/2 lit.

Remuer souvent, sans chauffer; au bout de douze heures, tamiser, imprimer sur toile à bandes mordantées, vaporiser, sécher et dégommer en ammoniaque faible, puis laver. Sous l'influence de cet extrait, tous les mordants se colorent; mais ils ne prennent que des nuances ternes.

SEIZIÈME SÉRIE.

Avec l'extrait alunique (p. 40) on a préparé les couleurs suivantes :

I. Acétate aluminique à 250 grammes	1/4 lit.
Eau	1/4 lit.
Extrait alunique en pâte	70 gr.
Gomme	250 gr.

II. Comme I, en substituant à l'acétate aluminique :

Acétate ferrique à 5° AB.. . . . .   1/4 lit.

Vaporiser, dégommer en ammoniaque faible et savonner. I donne un rose pâle, et II un gris rosé aussi très-faible.

DIX-SEPTIÈME SÉRIE.

On obtient un résultat semblable en opérant comme suit :

On fait bouillir pendant une heure :

Garance. . . . .   500 gr.
Alun. . . . .   500 gr.
Eau.. . . . .   2 lit.

ajoute au tout :

Acétate plombique en poudre. . . . .   300 gr.

mélange bien, filtre bouillant.

En épaississant :

Solution ci-dessus. . . . .   1/2 lit.
Amidon blanc.. . . . .   100 gr.

vaporisant et lavant, on obtient un rose solide assez intense, mais un peu jaune.

Laques de garance. Quoique ces composés ne puissent pas être appliqués sur les tissus autrement qu'à l'aide d'un corps agglutinant tel que l'albumine, nous indiquerons leur procédé de préparation, qui présente un intérêt aussi grand pour la théorie de la fabrication que pour sa pratique, puisque c'est grâce à leur formation à la surface des tissus qu'on réussit à fixer sur eux l'alizarine.

Le plus ancien procédé est dû à M. Mérimée, qui lavait la garance d'abord avec de l'eau pure, puis avec une eau alcalinisée par le carbonate sodique, et l'épuisait enfin par l'eau d'alun, qu'il décomposait ensuite par l'ammoniaque. On perd ainsi beaucoup de matière colorante; mais la laque obtenue est très-belle.

Le procédé de MM. Robiquet et Colin, quoique fournissant une laque aussi belle, est beaucoup plus économique. Il consiste à laver la garance quatre fois de suite, avec quatre fois son poids d'eau froide; elle passe alors du jaune au rouge. On broie le résidu avec une demi-partie d'alun et 6 d'eau, macère le tout pendant six heures, à + 55° C., filtre, exprime, précipite la solution avec du carbonate sodique, et recueille la laque sur un filtre, où on la lave avec soin.

On prépare une solution avec 100 grammes garancine, 20 grammes savon blanc, et 2 litres d'eau, fait bouillir quelques minutes, filtre, et précipite avec de l'alun ou du sulfate ferreux dissous dans l'eau. La laque obtenue dans le premier cas est rouge foncé, et violet presque noir dans le second.

On obtient aussi une belle laque en chauffant pendant une heure, et à la vapeur :

<pre>
Garance. . . . . : . . . .   600 gr.
Alun. . . . . 1200 gr.
Eau. . . . .   5 lit.
</pre>

On filtre bouillant, exprime et reprend le résidu derechef avec 5 litres d'eau, fait bouillir et filtre. On précipite les solutions réunies avec 200 grammes carbonate magnésique, filtre, lave bien, et obtient une belle laque rose foncé, pesant en pâte épaisse 600 grammes, et seulement 250 grammes lorsqu'elle est sèche.

C'est avec l'extrait alcoolique en pâte que nous avons préparé les plus belles laques.

<pre>
Extrait en pâte. . . . .   100 gr.
</pre>

ajouter :

<pre>
Ammoniaque caustique. . . . .   50 gr.
Eau. . . . . 1 8 lit.
</pre>

macérer vingt-quatre heures, ajouter :

<pre>
Eau. . . . . 1 8 lit.
</pre>

passer au tamis de soie, et ajouter, en remuant, à une solution bouillante faite avec 100 grammes d'alun, pour 1 litre d'eau. La laque est d'un rouge foncé magnifique. En substituant à l'alun 1 huitième de litre de sulfate ferrique à 40° AB., on obtient une laque violette de nuance très-foncée.

VI. — APPLICATION INDUSTRIELLE.

1. Les **mordants**. L'alizarine ne donnant, lorsqu'on l'emploie seule, qu'un jaune fugace sur calicot, on doit la fixer à l'aide d'agents minéraux qui sont les oxydes aluminique, ferrique, et l'acide stannique; tous jouissent de la double propriété d'adhérer aux tissus et de former avec l'alizarine des combinaisons plus ou moins stables, et à couleurs bien tranchées.

Jadis l'alun seul était employé; mais, comme il ne fournissait pas des couleurs brillantes, ni régulières, on lui a substitué une préparation connue sous le nom de mordant rouge, et dont la composition correspond à un mélange en proportions variables d'acide acétique, d'eau, de sulfate aluminique neutre, et du même sel tribasique; celui qui est le plus employé, et qu'on fabrique en décomposant 100 kilogrammes d'alun par 75 kilogrammes d'acétate plombique, est de l'alun dans lequel 2 équivalents d'acide sulfurique ont été remplacés par 2 équivalents d'acide acétique, en sorte que sa formule est :

$$SO^5, 2\,C^4H^5O^5, Al^2O^5 + SO^5, KO.$$

Afin de savoir si les proportions employées de ces deux sels donnaient réellement les meilleurs résultats pratiques, on a fait les mélanges suivants :

I. Eau. . . . . 4 lit.
Alun. . . . . 100 gr.
Pyrolignite plombique. . . . . 75 gr.

II. Eau. . . . . 1 lit.
Alun. . . . . 100 gr.
Pyrolignite plombique. . . . . 125 gr.

III. Eau. . . . . 1 lit.
Alun. . . . . 100 gr.
Pyrolignite plombique. . . . . 164 gr.

Dans le premier, les deux tiers seulement de l'acide sulfurique du sulfate aluminique sont combinés au plomb; la totalité, dans le second et dans le troisième, jusqu'à l'acide sulfurique du sulfate potassique. Les deux premiers de ces mordants précipitent les sels barytiques, qui ne troublent pas le troisième. Le premier marque 4° 1 2 à l'aréomètre de Baumé; le second et le troisième seulement 5° 1 2. Quand on les chauffe, on développe dans le premier un précipité qui se redissout par le refroidissement, le second se prend en une masse blanche et opaque qui disparaît aussi par le refroidissement, tandis que le troisième ne se trouble pas.

Essayés en teinture, c'est le mordant n° I qui donne les meilleurs résultats, puis II et enfin III, qui est d'environ 60 pour 100 plus faible que I.

Il est clair, d'après ces essais, qu'il ne faut pas saturer plus des 2 tiers de l'acide du sulfate aluminique; que l'acétate aluminique est un mauvais mordant, et que par conséquent le véritable mordant rouge est le sulfate aluminique tribasique SO^5, Al^2O^5, associé à 2 équivalents d'acide acétique qui paraissent n'avoir d'autre fonction que de tenir en dissolution ce sel, qui, par lui-même, est insoluble dans l'eau. Nous disons que l'acide acétique n'agit que comme dissolvant du sulfate aluminique tribasique, autant parce que l'acétate aluminique est une combinaison instable que surtout parce que, lorsqu'on dessèche le mordant rouge à 100° C., tout l'acide acétique se dégage, ce qui ne serait probablement pas le cas s'il s'était combiné à l'oxyde aluminique.

Pour nous assurer de la vérité de cette conclusion, nous avons préparé deux couleurs; l'une avec 100 grammes d'alun pur, par litre, et l'autre avec la même proportion de ce sel additionnée d'assez d'ammoniaque pour que le précipité formé se redissolve avec peine; on sait que dans ce dernier cas on forme de l'alun bibasique. La première ne donna en teinture qu'un rose faible et inégal, tandis qu'on obtint avec la seconde un joli rouge bien uni.

Poursuivant ces essais, on chercha à décomposer l'alun par la craie, dont l'équivalent est 9,69, soit, en chiffres ronds, 10 pour 100 d'alun, et prépara les mordants que voici :

I. Destiné à servir de type, est fait avec :

Alun. . . . . 100 gr.
Pyrolignite plombique. . . . . 75 gr.

On dissout les sels séparément, chacun dans 1 demi-litre d'eau, puis les mélange et laisse déposer, et épaissit le clair à raison de 400 grammes d'amidon grillé par litre.

II. Comme I, en versant sur :

Alun. . . . . 100 gr.
Craie en poudre.. . . . . 5 gr.
Eau bouillante. . . . . 1 lit.

III. Comme II; mais avec :

Craie. . . . . 10 gr.

IV. Craie. . . . . 20 gr.

V. Craie. . . . . 25 gr.

VI. Craie. . . . . 50 gr.

VII. Craie.. . . . . 100 gr.

Ces couleurs, imprimées sur calicot, ont été fixées à l'étendage, puis dégommées en silicate sodique, teintes en garance et savonnées. Le rouge de I est aussi vif qu'intense et uni; celui de II et de III est inégal et de nuance moyenne; celui de IV est un peu plus égal; celui de V, derechef inégal; celui de VI n'est qu'un rose clair; enfin VII ne donna rien, la craie étant en quantité plus que suffisante pour décomposer totalement l'alun. Comme on devait s'y attendre, c'est de tous ces essais le n° IV, celui qui contient 2 équivalents de craie pour 1 d'alun, qui a donné les résultats les plus satisfaisants; mais la nuance obtenue étant plus faible que celle de I, il est clair qu'il y a eu de l'alumine précipitée par la craie, ce qui a conduit aux essais suivants :

I. Eau bouillante. . . . . 1 lit.

verser sur :

Craie. . . . . 20 gr.
Alun. . . . . 100 gr.

II. Eau bouillante . . . . 7/8 lit.

verser sur :

Craie. . . . . 20 gr.
Alun.. . . . . 100 gr.

Dès que l'effervescence est passée, on ajoute :

Acide pyroligneux. . . . . 1,8 lit.

On épaissit ces deux mordants comme les précédents, les traite de même et obtient, avec I, un rose foncé, et, avec II, un magnifique rouge foncé. Cette préparation est bien celle qui fournit le mordant rouge le plus économique, en même temps que le plus régulier. Avec l'acétate sodique on trouve aussi l'éclatante confirmation des observations précédentes ; car, lorsqu'on décompose 100 parties d'alun par 28 parties, soit un équivalent d'acétate sodique, on a un rouge faible ; il arrive à son maximum d'intensité avec 2 équivalents, soit 56 parties ; puis diminue à mesure qu'on en augmente la dose, à tel point, qu'avec 100 parties d'acétate sodique, on n'obtient plus qu'un rose pâle. Appliquant cette découverte à la composition d'un mordant rouge immédiat, nous recommanderons celui que voici :

Eau. . . . . 1 lit.
Extrait de Limâ [1] . . . . 1/16 lit.
Amidon grillé.. . . . . 400 gr.
Alun. . . . . 200 gr.
Acétate sodique.. . . . . 112 gr.

Cuire tout ensemble et agiter jusqu'à complet refroidissement.

En additionnant le mordant rouge de diverses substances on modifie ses propriétés, ou bien on change les nuances auxquelles il donne naissance, ainsi que le prouvent les essais suivants :

Lorsqu'à un litre de mordant rouge, préparé comme nous venons de le dire, on ajoute 1 seizième de litre d'une solution de chlorure magnésique, à 50° AB., on en bleuit considérablement la nuance. Il est clair que les sels calciques affaiblissent le mordant rouge, parce qu'ils le décomposent en lui enlevant son acide sulfurique. Une légère addition de chlorure stanneux produit l'effet inverse à celui du chlorure magnésique, il avive le rouge en le faisant virer à l'orange ; il faut cependant éviter d'employer ce sel à la dose de 10 grammes par litre, parce qu'il affaiblit beaucoup le rouge en précipitant son acide sulfurique à l'état de sulfate stanneux basique très-peu soluble.

PREMIÈRE SÉRIE.

Lorsqu'on épaissit :

I. Mordant rouge. . . . . 1 lit.
avec
Amidon blanc. . . . . 100 gr.

[1] Pour colorer la préparation.

et qu'on ajoute au numéro

    II. Huile de lin cuite. . . . . 100 gr.

qu'on fixe à l'étendage, traite comme d'habitude et teint en garance, on trouve que la teinte du n° II, plus claire que celle du n° I, est infiniment plus vive et analogue à celle du rouge turc. C'est sur une réaction semblable que se base la fabrication des rouges huilés, appelés rouges d'Andrinople.

DEUXIÈME SÉRIE.

    I. Type. — Mordant rouge à 100 grammes par litre. . .   1 lit.
           Amidon grillé. . . . . 400 gr.

    II. Comme I, plus :
        Acétate cuivrique. . . . . 5 gr.

    III. Acétate zincique. . . . . 5 gr.

    IV. Chlorure stanneux. . . . . 5 gr.
        Acétate sodique. . . . . 5 gr.

    V. Chloride stannique. . . . . 5 gr.
        Acétate sodique. . . . . 5 gr.

    VI. Acétate calcique. . . . . 5 gr.

    VII. Acétate plombique. . . . . 5 gr.

    VIII. Acétate nickeleux à 14° AB. . . . . 10 gr.

    IX. Chlorure manganeux. . . . . 5 gr.
        Acétate sodique. . . . . 5 gr.

    X. Sulfate ferreux. . . . . 5 gr.
        Acétate sodique. . . . . 5 gr.

    XI. Sulfate magnésique. . . . . 5 gr.
        Acétate sodique. . . . . 5 gr.

Après avoir fixé, dégommé, garancé et savonné tous ces essais, nous les trouvons à peu de chose près semblables : II semble un peu plus bleu que I; IX et X présentent une teinte brunâtre.

On appelle rouges rongeants des couleurs dans lesquelles on ajoute, au mordant rouge, du chlorure stanneux, dont les propriétés réductrices lui donnent le pouvoir de ne pas se laisser salir par les mordants de fer avec lesquels on l'imprime.

Ces couleurs sont difficiles à imprimer et se fixent mal, à cause de l'action décomposante que le chlorure stanneux exerce sur le sulfate aluminique, avec lequel il produit, par double décomposition, du sulfate stanneux basique deu soluble et du chlorure aluminique, très-déliquescent, qui déforme le dessin et n'adhère pas aux tissus; de là vient qu'en ajoutant au mordant rouge trop de ce sel, on n'obtient que des couleurs inégales, ternes et grattées. Voici deux faits à l'appui de cette explication :

TROISIÈME SÉRIE.

I. Mordant rouge à 750 grammes d'alun. . . . . 1/2 lit.
Amidon grillé.. 125 gr.

Cuire, et ajouter au sortir de la vapeur :

Chlorure stanneux.. . . . . 8 gr.

II. Comme I, en substituant au chlorure stanneux :
Sulfate stanneux.. . . . . 4 gr.

obtenu en décomposant du mordant rouge, par une solution de chlorure stanneux; ce sel, qui se dépose en pâte épaisse, est composé, lorsqu'il est sec, de :

Oxyde stanneux. 86
Acide sulfurique. 14
                                       ———
                                       100

C'est donc un sulfate tribasique né de la réaction suivante :

$$\ddot{S}\ Al^2 + 3ClSn = \ddot{S}\ 3\ Sn + Cl^3\ Al^2.$$

Après avoir traité ces essais comme d'habitude, on trouve le n° I infiniment plus beau et plus net que le n° II, ce qui vient sans doute de ce que le sulfate stanneux basique de ce dernier aura enlevé de l'acide sulfurique au mordant en repassant à l'état de sulfate neutre, et en formant ainsi un mordant trop riche en acétate aluminique qui ne donne que des nuances faibles lorsqu'il n'est pas accompagné de la proportion voulue de sulfate aluminique tribasique.

Pour essayer la force réservante de ces deux couleurs, on a répété l'essai, et imprimé sur elles du mordant puce; toutes les deux ont bien détruit le mordant de fer; I cependant mieux que II, en sorte qu'il est important de ne pas substituer, dans les rouges réserve, le sulfate basique au chlorure stanneux, ainsi qu'on l'a souvent conseillé.

Les oxydes d'étain attirent l'alizarine, avec laquelle ils forment un beau rouge orangé très-solide à l'eau bouillante et à la lumière; mais qui, chose bien remarquable, ne résiste pas du tout au savon.

Eau. . . . . 1 2 lit.
Amidon blanc.. 64 gr.

Ajouter au sortir de la vapeur :

Chlorure stanneux.. . . . . 64 gr.
Acétate sodique.. . . . . 16 gr.

Traiter comme d'habitude. Le rouge obtenu est éclatant; mais, après le savonnage, il n'en reste plus trace.

Ce fait démontre clairement que la solidité de la matière colorante de la garance ne lui est pas inhérente, et qu'elle dépend du mordant aussi bien que du traitement, comme nous l'avons déjà dit plus haut.

Le sulfate ferreux est le mordant le plus anciennement employé pour obtenir avec l'alizarine les couleurs violet et noir; mais il y a longtemps qu'on lui a substitué avec avantage l'acétate ferreux obtenu en traitant, à l'abri du contact de l'air, du fer par l'acide acétique, ou bien par double décomposition, en faisant réagir le sulfate ferreux sur l'acétate plombique.

La composition de ce mordant est invariable; mais on lui fait certaines additions qui ont, comme on va le voir, une influence considérable sur la nuance du violet; c'est essentiellement le cas pour l'acide arsénieux, sans l'addition duquel il n'est pas possible d'obtenir un violet nourri et bien bleueté.

On prépare le mordant en faisant digérer, avec de la ferraille bien propre, de l'acide pyroligneux, jusqu'à ce qu'il soit saturé de fer; on le chauffe alors avec 1 gramme d'acide arsénieux par litre de pyrolignite à 5° AB., jusqu'à ce que l'acide soit dissous, et le conserve en vase clos; il titre alors 5° et demi AB., et porte le nom de pyrolignite arsénical de fer.

Voyons maintenant quelle influence ont sur lui les diverses substances qu'on y ajoute :

PREMIÈRE SÉRIE.

I. Type. — Pyrolignite arsenical à 5° AB. . . . . 1 lit.
    Eau. 5 lit.
    Amidon grillé. . . . . 2400 gr.

II. Numéro 1. . . . . 1 2 lit.
    Acétate cuivrique. . . . . 5 gr.

III. Acétate calcique à 20° AB. . . . . 10 gr.

IV. Sulfate magnésique. . . . . 5 gr.

V. Biborate sodique. . . . . 1 gr.

VI. Acétate sodique. . . . . 5 gr.

VII. Nitrate potassique. . . . . 5 gr.

VIII. Acétate plombique. . . . . 5 gr.

IX. Bisulfite sodique à 50° AB. . . . . 10 gr.

X. Chlorure magnésique à 10° AB. . . . . 10 gr.

Après avoir été fixés à l'étendage des mordants, ces essais ont été dégommés en bouse et silicate, teints en garance et savonnés.

Le plus beau et le plus foncé est le n° X; le plus clair est II; ensuite viennent VI et IX; les autres ressemblent à I, sauf VIII, dont la nuance est plus rouge. Comme le seul de ces essais qui a bien rendu est celui qui avait été additionné de chlorure magnésique, on a procédé à l'expérience suivante, afin de savoir si son action était spécifique, ou bien si elle s'étend à tous les corps déliquescents :

DEUXIÈME SÉRIE.

I. TYPE. — Même violet 1 5 que ci-dessus.

II. Numéro I. . . . . 1 lit.
Chlorure zincique. . . . . 10 gr.

III. Chlorure zincique. . . . . 50 gr.

IV. Nitrate zincique à 15° AB. . . . . 20 gr.

V. Nitrate zincique à 15° AB. . . . . 100 gr.

VI. Acétate potassique à 25° AB. . . . . 100 gr.

Même traitement que pour les précédents essais.

III est le seul plus clair que I ; tous les autres sont plus foncés et plus bleus, surtout II et VI ; IV et V ont une nuance aussi très-foncée, mais rougeâtre et terne.

Il est clair que l'addition des sels déliquescents non susceptibles d'oxyder les sels ferreux est très-avantageuse aux mordants de fer.

Pour vérifier l'action du degré d'oxydation du mordant, ainsi que de l'acide arsénieux sur la nuance du violet, on a préparé les couleurs que voici :

TROISIÈME SÉRIE.

I. Pyrolignite ferreux à 5° 1 2 AB. . . . . 1,16 lit.
Eau. . . . . 1 2 lit.
Amidon grillé.. . . . . 200 gr.

II. Comme I, en substituant au pyrolignite ferreux :
Pyrolignite ferreux arsénical à 5° 1 2 AB. . . . . 1 16 lit.

III. Acétate ferrique à 5° 1 2 AB.. . . . . 1 16 lit.

Après teinture et savonnage, I présente un lilas d'intensité moyenne; mais un peu rosé, II un lilas plus fort que celui de I, et beaucoup plus bleu; III, enfin, est des deux tiers plus faible que I, et n'offre qu'une teinte violet grisâtre.

L'action de l'acide arsénieux étant évidente, il fallait savoir s'il agissait comme réducteur, ou bien simplement en s'unissant à l'oxyde ferreux sous forme d'arsénite; or, après avoir vainement essayé l'action des sels stanneux, des sulfites neutres et de l'acide gallique, nous avons reconnu que c'est la seconde hypothèse qui est la seule vraie, ce qu'indiquait l'augmentation de la densité du mordant, après qu'on y a dissous l'acide arsénieux. Le mordant violet est donc de l'arsénite ferreux dissous dans l'acide acétique.

Quoique l'expérience n° III semble indiquer que les sels ferriques ne donnent que des violets gris, il ressort des essais suivants qu'une très-légère addition d'acétate cuivrique améliore la nuance des violets à l'acétate ferreux, sur lequel ce sel ne peut agir cependant qu'en le transformant, en partie, en sel ferrique :

I. Pyrolignite ferreux à 6° AB. . . . . 1 16 lit.
Eau. . . . . 7 16 lit.
Léïocome. . . . . 500 gr.

II. Comme I, plus :
Solution d'acétate cuivrique à 6° AB. . . . . 1 gr.

III. Même solution. 5 gr.

IV. Même solution. 10 gr.

Traitement habituel.

I est d'un beau lilas de nuance ordinaire, dont l'intensité croît graduellement avec la proportion d'acétate cuivrique, et cela à tel point, que IV est d'un quart environ plus fort que I.

Ces essais ne sont, toutefois, qu'en contradiction apparente avec l'expérience à l'acétate ferrique, parce qu'en augmentant la dose d'acétate cuivrique, assez pour transformer tout le sel ferreux en sel ferrique, on n'obtient aussi que des violets faibles et gris, ainsi que le prouve l'expérience II de la première série.

Passons maintenant à l'étude des mordants puce, qu'on forme en mélangeant, dans des proportions variant avec la nuance qu'on veut obtenir, le mordant rouge avec le mordant violet. Le mélange ainsi obtenu forme un des mordants dont les résultats sont les plus irréguliers ; il ne donne de belles nuances que lorsque l'air est humide, et cela est si vrai, que par les grands froids, aussi bien que durant les sécheresses estivales, et chaque fois que le vent du nord-est souffle, on n'obtient que des puces inégaux et ternes. Bien plus, lorsqu'on examine de près ces mauvaises couleurs, il est aisé de voir que les fibres du tissu ont été soulevées, disloquées, ce qui en couvre la surface d'un duvet blanc fort désagréable à l'œil. Ce qui se passe ici est facile à expliquer lorsqu'on se rappelle que le mordant puce est composé de sulfate aluminique basique, d'une part, et d'acétate ferreux de l'autre ; or, dans un air humide, ces deux sels se décomposent séparément ; le premier abandonne au tissu son excès d'alumine, tandis que le second se dépose sous forme d'oxyde ferrique, à mesure qu'il absorbe l'oxygène de l'air. Dans une atmosphère sèche les choses se passent tout autrement ; l'acétate ferreux ne s'oxyde pas ; mais il cède sa base à l'acide sulfurique du sulfate aluminique en produisant, d'une part, du sulfate ferreux efflorescent, qui, en se gonflant, effile le tissu, et, de l'autre, de l'acétate aluminique pur, qui, comme on l'a vu ailleurs, est un mauvais mordant.

Pour obvier à ce grand défaut du mordant puce il fallait, ou bien y ajouter un corps déliquescent, ou bien substituer à l'acétate ferreux de l'acétate ferrique ; on va voir que les deux moyens ont réussi.

PREMIÈRE SÉRIE.

I. Pyrolignite ferreux à 14° AB.. . . . . 1 4 lit.
Acétate aluminique à 400 grammes, marquant 10° AB. 3 4 lit.
Amidon grillé.. . . . . 400 gr.

II. Comme I, plus :
Nitrate zincique à 15° AB. . . . . 1 16 lit.

III. Chlorure zincique à 15° AB. . . . . 1 16 lit.

IV. Chlorure magnésique à 15° AB.. . . . . 1 16 lit.

Traités comme d'habitude, ces essais teints en garancine et savonnés ont fourni de belles nuances : I est le plus foncé de tous ; mais il est un peu moins lisse et brillant que les trois autres, qui sont d'une netteté remarquable. Les propriétés déliquescentes des sels employés sont donc favorables à la fixation du mordant puce, dont la nuance n'a été dégradée que par l'union de l'acide sulfurique du mordant rouge avec les bases des sels employés. Cet accident devant se reproduire constamment, il est clair que ce procédé n'est pas applicable avec succès, et qu'il faut avoir recours à l'emploi des sels ferriques, qui répondent admirablement au but qu'on veut atteindre.

DEUXIÈME SÉRIE.

I. Acétate aluminique à 400 grammes.. . . . . 1 2 lit.
Amidon grillé.. 200 gr.
Nitrate ferrique à 48° AB. . . . . 5 gr.
Acétate sodique.. . . . . 5 gr.

II. Comme I, mais avec :
Nitrate ferrique.. . . . . 10 gr.
Acétate sodique.. . . . . 10 gr.

III. Nitrate ferrique. . . . . 20 gr.
Acétate sodique.. . . . . 20 gr.

Traitement habituel ; mais teindre en garancine et savonner.

Les nuances sont admirables d'éclat : I est acajou ; II, grenat ; III, marron.

Pour fixer la dose la plus convenable d'acétate sodique, on a fait les couleurs suivantes :

TROISIÈME SÉRIE.

I. Acétate aluminique à 400 grammes. . . . .   1/2 lit.
   Amidon grillé. . . . .   200 gr.
   Nitrate ferrique à 48° AB. . . . .   20 gr.
   Acétate sodique. . . . .   10 gr.

II. Comme I, mais avec :
   Acétate sodique. . . . .   20 gr.

III. Acétate sodique. . . . .   30 gr.

IV. Acétate sodique. . . . .   40 gr.

V. Acétate sodique. . . . .   50 gr.

Après teinture et savonnage, I est un superbe grenat velouté, dont la nuance va en se forçant jusqu'à III. IV a déjà moins d'éclat et se ternit, V est absolument mauvais; donc le rapport du nitrate ferrique à l'acétate sodique doit être :: 20 : 50.

Il existe un autre mordant capable de donner à l'alizarine la nuance puce; c'est l'ammoniure cuivrique, préparé de la manière suivante :

QUATRIÈME SÉRIE.

   Nitrate cuivrique à 55° AB. . . . .   1000 gr.
   Eau. . . . .   4 lit.

ajouter, en agitant :
   Ammoniaque caustique. . . . .   1 lit.

La solution pèse 10° AB.; on l'épaissit avec 400 grammes d'amidon grillé par litre, fixe comme les autres mordants, teint en garancine et savonne. La nuance obtenue est un beau grenat rouge, très-solide.

On doit éviter d'épaissir cette préparation au léiocome ou à la gomme, qui en affaiblissent la nuance et la ternissent.

Si la composition des mordants est le point capital à observer pour la réussite de la fabrication, on va voir que leur épaississement exerce une influence considérable sur leur force, ainsi que sur les nuances qu'ils produisent.

2. Épaississement. Commençons par les mordants d'alumine, pour arriver ensuite à ceux du fer, et finir par le mordant puce.

PREMIÈRE SÉRIE.

I. Acétate aluminique à 400 grammes. . . . .   7/16 lit.
   Extrait de Lima à 5° AB[1]. . . . .   1/16 lit.
   Amidon blanc. . . . .   90 gr.

[1] Pour colorer.

II. Comme I, en substituant à l'amidon blanc :

Amidon grillé. . . . . 200 gr.

III. Gomme. . . . . 250 gr.

IV. Léïocome. . . . . 250 gr.

Fixer à l'étendage des mordants, dégommer en bouse et silicate, teindre en garance et savonner.

On obtient ainsi des rouges magnifiques, dont le plus uni est II; ensuite vient I, puis IV, qui lui ressemble beaucoup, et enfin III, qui est de moitié plus faible que I. La triste propriété qu'a la gomme de diminuer la force des mordants est bien plus sensible encore sur les couleurs faibles, comme on va le voir en répétant la série d'essais ci-dessus, en substituant au mordant rouge un mélange composé de :

DEUXIÈME SÉRIE.

Eau. . . . . 6 16 lit.
Extrait de Lima à 5°. 1 16 lit.
Acétate aluminique à 400 grammes. . . . . 1, 16 lit.

L'action des épaississants est un peu différente et bien plus aisée à saisir, en raison de la force moindre des couleurs. I donne un rose très-foncé. Ensuite vient II, de moitié moins fort, puis IV, des trois quarts moins fort que I, et enfin III, dont la nuance rose clair est si faible, qu'on la distingue à peine.

Ces résultats n'ont rien d'extraordinaire pour la gomme, qui, étant un acide, retient l'alumine, avec laquelle elle paraît former une combinaison; mais bien pour l'amidon blanc et grillé, ainsi que pour le léïocome, qui, étant neutres, ne peuvent agir que mécaniquement sur le mordant, à la façon des tissus, et en en fixant une partie sur leurs molécules.

Ce qui corrobore cette manière de voir, c'est que ces épaississants affaiblissent les mordants à peu près dans la proportion de leur masse, qui est ici : : 90 : 200 : 250. Il est clair que si l'action de ces épaississants est purement mécanique, on s'y opposera en ajoutant au mordant, comme on l'a fait dans les couleurs suivantes, assez d'acide acétique pour empêcher l'oxyde aluminique de se précipiter.

TROISIÈME SÉRIE.

I. Eau. . . . . 7 16 lit.
Acétate aluminique à 400 grammes. . . . . 1, 16 lit.
Léïocome. . . . . 250 gr.

II. Eau. . . . . 6 16 lit.
Acide acétique. . . . . 1 16 lit.
Acétate aluminique à 400 grammes. . . . . 1/16 lit.
Léïocome. . . . . 250 gr.

Ces deux roses sont beaux et unis ; mais II est bien d'un cinquième plus fort que I, ce qui confirme absolument notre théorie.

Pour obtenir des dégradations d'une même couleur, et former ainsi une harmonieuse agglomération de nuances différentes, appelée *camaïeu*, il semble qu'il n'y ait qu'à étendre le mordant d'eau et d'acide acétique dans les proportions voulues, et à les épaissir avec la même substance. La pratique condamne totalement ce procédé, parce qu'en appliquant les uns sur les autres ces mordants coupés, ils se délayent réciproquement et déforment le dessin en en confondant les différentes teintes. Il n'y a qu'un seul moyen d'avoir des camaïeux à tons nets et tranchés, c'est d'employer des mordants coupés, il est vrai, mais épaissis avec une substance différente pour chacun d'eux, comme on l'a fait dans l'expérience suivante, qui est un bon exemple de camaïeu rouge à trois tons.

QUATRIÈME SÉRIE. — ROUGE FORT.

Acétate aluminique à 400 grammes.	7/16 lit.
Extrait de Lima à 10° AB.	1/16 lit.
Amidon blanc.	100 gr.
Amidon grillé.	60 gr.

Dans cette couleur, l'addition d'amidon grillé à l'amidon blanc a pour but de l'empêcher de tirer de l'eau, ce qui arrive au mordant rouge simplement épaissi à l'amidon blanc, parce que le sulfate aluminique saccharifie une partie de ce dernier.

ROUGE MOYEN.

Acétate aluminique à 400 grammes.	1/8 lit.
Eau.	1/2 lit.
Amidon grillé.	200 gr.

ROSE.

Acétate aluminique à 400 grammes.	1/16 lit.
Eau.	1/2 lit.
Léiocome.	300 gr.

Les mordants de fer souffrent bien plus encore que ceux d'alumine de l'action des épaississants, à cause de leur nature absolument neutre.

PREMIÈRE SÉRIE.

I. Pyrolignite ferreux arsénical à 5° 1/2 AB.	1/16 lit.
Eau.	7/16 lit.
Amidon grillé.	200 gr.

II. Comme I, mais épaissir avec :	
Léiocome.	250 gr.

III. Gomme. . . . .   250 gr.

IV. Amidon blanc. . . . .   65 gr.

Fixer à l'étendage des mordants, dégommer en bouse et silicate, teindre en garance et savonner. I donne un beau lilas clair; celui de II est la moitié plus faible; celui de III si faible, qu'il est à peine visible; IV, par contre, est un beau violet très-corsé, et trois fois plus intense que I.

Comme on devait s'y attendre, à raison de la solubilité et de la stabilité de l'acétate ferreux, ce sel n'est pas décomposé mécaniquement par les épaississants neutres, en sorte qu'une addition d'acide acétique à l'eau de coupures n'en développe pas la nuance, ainsi que nous nous en sommes convaincu par l'essai suivant :

DEUXIÈME SÉRIE.

I. Pyrolignite ferreux arsénical à 5° 1,2 AB. . . . .   1/8 lit.
    Eau. . . . .   5/8 lit.
    Amidon grillé. . . . .   200 gr.

II. Pyrolignite ferreux arsénical à 5° 1/2 AB. . . . .   1/8 lit.
    Acide pyroligneux. . . . .   1/8 lit.
    Eau. . . . .   2/8 lit.
    Amidon grillé. . . . .   200 gr.

Ces deux couleurs fournissent un violet de force identique, bien velouté et corsé.

Voyons maintenant dans quel rapport on doit associer le mordant violet à l'eau pour obtenir toutes les teintes voulues, depuis le violet le plus clair jusqu'au noir.

TROISIÈME SÉRIE.

I. Pyrolignite ferreux arsénical à 5° 1,2 AB. . . . .   1/16 lit.
    Eau. . . . .   7/16 lit.
    Léiocome. . . . .   250 gr.

II. Comme I, mais avec :
    Pyrolignite ferreux arsénical. . . . .   1/8 lit.
    Eau. . . . .   5/8 lit.

III. Pyrolignite ferreux arsénical. . . . .   1/4 lit.
    Eau. . . . .   1/4 lit.

IV. Pyrolignite ferreux arsénical. . . . .   1/2 lit.

IV est complétement noir; III, violet très-foncé; II, de moitié plus clair, et I, enfin, beau lilas clair, bien bleueté.

De ces essais on peut conclure que le même mordant épaissi en prenant pour type l'amidon blanc s'affaiblit de moitié lorsqu'on l'épaissit à l'amidon grillé, de trois quarts lorsqu'on l'épaissit au léïcome, et de onze douzièmes au moins lorsqu'on l'épaissit à la gomme.

5. Préparation. Une fois les mordants épaissis, il n'y a plus qu'à les imprimer et à les fixer sur les tissus; mais il arrive souvent que, pour aider, accélérer ou compléter cette fixation, on prépare les tissus; mais ce n'est que l'exception; car, lorsqu'on possède une chambre de fixation bien montée, cette préparation préliminaire est généralement peu utile; elle n'a d'ailleurs pour but que d'aider l'action de la chambre à fixer, dont elle ne dispense jamais totalement. La préparation préliminaire des tissus n'est réellement utile, et très-utile, que dans les établissements où on ne dispose que d'étendages secs, où les mordants ne se fixent que lentement et irrégulièrement.

Comme les mordants ne se fixent que sous l'influence de l'air chaud et humide, il est clair que les sels déliquescents et oxydants doivent être la base de toutes les préparations des tissus avant l'impression, ce qui ne nous a point empêché d'essayer l'action du savon et de la caséine, dans le but de découvrir si ces deux substances, en fixant les mordants à l'instant même de l'impression, ne dispenseraient point de l'action de l'étendage; on va voir que leur résultat n'a pas été favorable.

PREMIÈRE SÉRIE.

On foularde le calicot dans une solution contenant :

> Savon blanc. . . . . 100 gr.

par litre d'eau, sèche, imprime et laisse reposer vingt-quatre heures dans une chambre sèche.

On dégomme dans un bain composé de :

> Bouse. . . . . 500 gr.
> Craie. . . . . 10 gr.
> Chlorure ammonique. . . . . 25 gr.

pour 10 litres d'eau bouillante; lave, teint en garance et savonne.

Le dessin n'est pas net : les contours en sont déformés; le rouge est foncé, mais terne, de même aussi que le puce, qui est presque noir; le violet est rosé, et le blanc très-chargé de rose sale, ce qui vient de l'affinité de la matière grasse pour l'alizarine.

Cette affinité est si considérable, qu'une toile imprégnée d'huile de lin cuite, séchée à l'air et passée en garancine, se teint en brun assez foncé et qui résiste énergiquement à l'action du savon.

Lorsqu'on dégomme la même préparation dans un bain composé uniquement d'eau, de bouse et de craie, les résultats sont meilleurs; les mordants de fer sont bien fixés; ceux d'alumine, par contre, sont faibles et grattés; tous sont salis par une nuance brune provenant de l'attraction exercée par le corps gras sur la matière colorante.

Comme il était probable qu'en remplaçant la soude du savon blanc par l'ammoniaque on diminuerait ou même annulerait l'action dissolvante de ce corps sur les mordants aluminiques, on plaqua la toile dans un bain composé de :

DEUXIÈME SÉRIE.

Eau bouillante. . . . .   2 lit.
Savon blanc. . . . .   100 gr.

auquel on ajouta, après la dissolution complète du savon :

Chlorure ammonique. . . . .   10 gr.

Après avoir séché le tissu, on l'imprima et le traita comme dans l'expérience précédente. On obtint ainsi des couleurs d'une vivacité vraiment admirable; mais le blanc du fond était tellement sali par une coloration rose terne, que ce procédé ne peut pas être employé.

TROISIÈME SÉRIE.

Lorsqu'on plaque les toiles dans une solution ammoniacale de caséine marquant 2° AB., qu'on les sèche, les imprime, puis les laisse reposer deux jours, les dégomme en eau, bouse et craie, les teint en garancine et les savonne, on n'obtient que des nuances ternes, faibles et inégales.

Après ces essais, qui, pour avoir été infructueux, méritent cependant toute l'attention des industriels, auxquels ils fournissent quelques précieux indices, nous allons examiner l'action des sels oxydants et déliquescents, en commençant par celle du nitrate ammonique.

QUATRIÈME SÉRIE.

Lorsqu'on plaque les pièces avant l'impression dans une solution de ce sel marquant 5° AB., et qu'on les fixe à l'étendage froid, les cachous et les violets sont plus intenses; les rouges n'ont rien de particulier. Si on emploie la solution à 10° AB., les mordants coulent en déformant le dessin; mais les nuances obtenues sont encore plus intenses et plus vives. Restait à savoir si ce sel agit en fournissant de l'eau, ou de l'oxygène, au mordant; c'est ce qu'on a appris par les expériences que voici :

CINQUIÈME SÉRIE.

I. TYPE. — Toile pure.

II. Toile plaquée dans une dissolution de chlorure magnésique à 2° AB.

III. Comme II, auquel on a ajouté, pour chaque litre de solution magnésique :
Chlorate potassique dissous dans 1/8 de litre d'eau. . .   5 gr.

Fixer à l'étendage sec, dégommer en bouse et silicate, teindre en garance
et savonner. I a toutes les couleurs maigres et inégales, II est beaucoup
mieux, III seul est bon ; toutes les nuances en sont pures, intenses et vives,
sans que le blanc se soit chargé.

En substituant aux préparations précédentes des sels uniquement oxydants,
tels que le nitrate et le chlorate potassiques, on n'a que des résultats nuls
ou négatifs.

En imprégnant les tissus avec une solution de chlorure sodique, à
20 grammes de ce sel par litre d'eau, tous les mordants se fixent mieux que
sur toile pure, surtout ceux à base de fer.

De ces faits il ressort clairement que les oxydants, employés seuls, nui-
sent à la fixation des mordants, qui est au contraire accélérée et complétée
par l'usage des sels déliquescents, dont l'action est augmentée cependant,
mais seulement pour les mordants ferreux, par une addition de chlorate
potassique. C'est sur la connaissance de ces faits que se base l'usage du
mélange suivant, généralement employé pour la préparation des pièces qui
sont destinées à recevoir des impressions en mordant puce, qui est le plus
difficile à fixer. On plaque les pièces dans une solution de chlorure magnésique à 2° AB., à laquelle on ajoute par litre 6 grammes chlorate potassique
dissous dans un huitième de litre d'eau. Pour que cette préparation agisse
énergiquement, il faut y plaquer les pièces deux fois de suite, et les sécher ;
on en emploie 7 litres pour chaque pièce de 100 mètres de long.

4. **Pour fixer** les mordants sur les tissus, on les passe en chaux, les vaporise, ou bien les expose à l'action d'une atmosphère chaude et humide ;
ce dernier procédé est le seul qui soit généralement employé.

PREMIÈRE SÉRIE.

Le passage en chaux, qui est sans action sur les mordants de fer, dégrade beaucoup ceux d'alumine, ce qui en limite l'usage. Cependant d'an-
ciennes expériences de M. Camille Kœchlin ayant établi qu'une addition
de sulfate magnésique au mordant rouge l'empêchait d'être attaqué par la
chaux, on a préparé les couleurs suivantes :

I. Acétate aluminique à 250 grammes. . . . .   1 2 lit.
Léiocome.   250 gr.

II. Comme I, plus :
Sulfate magnésique. . . . .   25 gr.

III. Sulfate zincique. . . . .   25 gr.

Après douze heures de repos, passer deux minutes en lait de chaux, bien laver, garancer et savonner. I a une nuance maigre et inégale, III est moins mauvais, II seul est d'un rouge aussi intense que vif et nourri.

Il est probable que cette réaction mettra sur la voie d'un nouveau mode rapide et économique de fixation des mordants.

La vapeur d'eau fixe mal les mordants ; elle diminue l'intensité de ceux à base d'alumine et empêche presque totalement la fixation de ceux de fer, probablement parce qu'elle en entrave l'oxydation. L'épaississant parait avoir une grande influence sur les résultats obtenus, comme le prouve l'expérience suivante :

DEUXIÈME SÉRIE.

I. Acétate aluminique à 250 grammes. . . . . 1/2 lit.
    Amidon blanc.. . . . . 50 gr.

II. Comme I, en substituant à l'amidon blanc :
    Amidon grillé. . . . . 200 gr.

III. Léïocome. . . . . 250 gr.

IV. Gomme. . . . . 250 gr.

La série A servant de type a été fixée à l'étendage des mordants, tandis que la série B l'a été par la vapeur d'eau à une pression d'une atmosphère.

On a dégommé en bouse et silicate, puis, après la teinture en garance, on a nettoyé en savon bouillant; toutes les couleurs de la série B sont plus faibles que celles de la série A, sauf le n° IV, qui est de même intensité dans les deux.

Les autres couleurs de la série B, quoique moins foncées que celles de la série, A sont très-brillantes et unies; le dessin bien conservé, sauf pour le n° I, dont les bords sont fortement coulés.

Pour fixer les mordants sur les étoffes, on les exposait jadis, après l'impression, dans de vastes appartements disposés de manière que l'air s'y renouvelât aisément et fréquemment. Or, comme les mordants ne se fixent bien qu'en présence d'une certaine quantité de vapeur d'eau, il est clair qu'ils adhéraient au tissu d'autant plus vite que l'air était plus humide et plus chaud, en sorte que rien n'était plus irrégulier que ce procédé, qui, dans le cas où l'air était sec, forçait à laisser les pièces jusqu'à trois semaines à l'étendage avant de les dégommer. L'action était d'ailleurs fort irrégulière ; car, lorsque l'atmosphère était excessivement humide, les mordants d'alumine et de puce coulaient en déformant les dessins, tandis que, lorsqu'elle était sèche, il était impossible d'en tirer des couleurs nourries et vives.

Pour obvier à ces inconvénients, on a, il y a une vingtaine d'années déjà, employé des étendages clos et chauffés à +30° C., dans lesquels on chargeait l'air d'humidité en aspergeant le sol d'eau chaude. Depuis, ce procédé a été bien perfectionné en substituant à l'aspersion d'eau l'injection de sa vapeur. En opérant de cette façon, il ne faut que douze heures, au plus, pour fixer les mordants de la manière la plus complète.

Quand un étendage contient beaucoup de mordants d'alumine qui dégagent en se fixant des torrents d'acide acétique, on fait bien de donner de l'air, après six heures de fixage, pour permettre à l'acide acétique de se dégager, sinon on s'expose à avoir des mordants fixés inégalement.

5. **Dégommage**. Pour compléter l'action de l'étendage, on a proposé de passer les pièces, au sortir de ce bâtiment, dans une atmosphère saturée d'ammoniaque ; mais les expériences que nous avons faites prouvent que cette opération, qui est assez coûteuse, est absolument superflue. Une fois que les mordants adhèrent au tissu, il n'y a plus qu'à les séparer d'avec leur épaississant, par le dégommage, qui se faisait autrefois en eau chaude additionnée de son, ou de bouse de vache. Ces deux corps, étant plus ou moins acides, donnaient des résultats très-variables, en sorte que cette opération a été irrégulière jusqu'au moment où on a substitué à ces deux agents, d'abord le sel à bouser, puis l'arséniate sodique, et enfin, le silicate de la même base ; tous ces sels étant alcalins, on peut croire qu'ils agissent en saturant l'acide des mordants ; mais il n'en est rien, puisque des substances inertes au point de vue chimique, telles que la bouse de vache ou le son, fixent les mordants aussi bien qu'eux. Du reste, on verra bientôt que la quantité d'acide silicique qui se fixe sur les tissus dégommés en silicate sodique n'est pas proportionnelle à la quantité du mordant employé et qu'elle est plutôt en relation avec l'acidité qu'avec l'espèce du mordant. Bien plus, on fixe mal les mordants lorsqu'on les dégomme dans une solution de carbonate sodique ou potassique, tandis qu'on peut les dégommer de la façon la plus parfaite en les pendant tout simplement, bien au large, en eau courante. De ces faits, il est aisé de conclure que l'action du dégommage bien que destinée à enlever aux mordants l'alun soluble, ainsi que les dernières traces d'acide qui y adhèrent, est surtout mécanique, et a pour but essentiel d'enlever l'épaississant des couleurs et d'empêcher que les parcelles de mordant qu'il entraîne ne tachent le tissu en s'y fixant. Il faut donc que le bain de dégommage contienne, d'une part, une substance alcaline, et, de l'autre, une matière visqueuse capable de tenir en suspension des molécules solides. Passons au détail des expériences, dont la première série porte sur un échantillon imprimé en rouge, rose, noir, lilas et puce, afin de pouvoir juger de l'action du dégommage sur tous les mordants à garancer.

PREMIÈRE SÉRIE.

I. Type. — Eau . . . . 5 lit.
Bouse fraîche . . . . 1 lit.
Silicate sodique à 20° AB . . . . 1/8 lit.

Chauffer ce mélange, de même que les suivants, à 80° C., y plonger l'essai

pendant deux minutes, puis le laver, teindre en garancine, et nettoyer
en son.

II. Eau.. . . . .   5 lit.
Bouse. . . . .   1 lit.
Cyanoferrite potassique.. . . . .   50 gr.

III. Eau.. . . . .   5 lit.
Cyanoferrite potassique.. . . . . ? . . . . . .   50 gr.

IV. Eau.. . . . .   5 lit.
Bouse. . . . .   1 lit.
Cyanoferrate potassique.. . . . .   50 gr.

V. Eau.. . . . . ⁻ . . . .   5 lit.
Cyanoferrate potassique.. . . . .   50 gr.

VI. Eau.. . . . .   5 lit.
Bouse. . . . .   1 lit.

VII. Eau.. . . . .   5 lit.
Son.. . . . .   1 lit.

VIII. Eau.. . . . .   5 lit.
Sel à bouser ou phosphate sodico-calcique. . . . . .   100 gr.

Tous ces essais sont bons ; mais le plus beau est sans contredit le n° 1 ;
ensuite vient le n° VIII, puis le n° VI, auquel ressemble le n° VII, dont les
nuances sont cependant un peu plus faibles. II et IV ont les nuances très-
foncées, mais dures, et le violet gris; ces défauts sont encore plus prononcés
pour III et V.

Le mélange de bouse et silicate ayant bien rendu, il fallait fixer la quantité de silicate à y ajouter, la durée de l'immersion, et la rapidité d'épuisement du bain.

DEUXIÈME SÉRIE.

Dans un bain préparé comme celui du n° E, avec :

Eau bouillante. . . . .   5 lit.
Bouse. . . . .   1 lit.

on a varié les doses de silicate à 20° AB., depuis 20 grammes jusqu'à
200 grammes par litre de bain, sans que la nuance des mordants qu'on y
a fixés ait éprouvé la moindre altération.

TROISIÈME SÉRIE.

Dans un bain contenant seulement 10 grammes silicate sodique à 20°AB.,
on a varié la durée de l'immersion depuis une minute jusqu'à vingt minutes,
et trouvé que la fixation, incomplète à une minute, est achevée avec deux, et
ne gagne rien, par conséquent, à une immersion plus prolongée.

QUATRIÈME SÉRIE.

Dans un bain composé comme dessus, on passe, l'un après l'autre, six échantillons fond rose, de 2,500 CC. de surface, et trouve, après teinture, qu'ils se ressemblent tous, sauf le sixième, qui est un peu plus faible que les précédents. On obtient le même résultat avec des fonds violets, et avec des fonds puces, à ceci près que, dans les deux premiers cas, le bain est encore *alcalin* après l'opération, tandis que, dans le troisième, il est *neutre* et trouble, ce qui vient de l'énorme proportion de sulfate aluminique contenu dans le mordant puce, qui est composé avec du mordant rouge à 650 grammes d'alun par litre.

Ces expériences prouvent que dans un bain monté avec :

Eau. . . . . 500 lit.
Bouse. . . . . 100 lit.
Silicate sodique à 20° AB. . . . . 5 kil.

on peut dégommer 180 pièces de 100 mètres de long en dessins chargés, et le double en dessins légers avant de l'avoir épuisé. La seule précaution à prendre est de maintenir le bain au même niveau, en l'alimentant de silicate sodique à $\frac{1}{10}$° AB., pour remplacer celui que les pièces entraînent mécaniquement, et de s'assurer à l'aide d'un papier bleu de tournesol qu'il ne devient pas acide. Le même bain peut être employé constamment, pendant trois jours de suite, avant d'être renouvelé.

Le silicate seul dégomme fort bien tous les mordants ; mais on a dû en rejeter l'emploi, parce qu'il déforme les dessins en en grossissant tous les traits fins, ce qui vient de ce qu'au lieu d'entraîner le mordant adhérent à l'épaississant, il le fixe sur l'étoffe.

Examinons maintenant quelle est l'influence des diverses matières ajoutées au bain de dégommage, sur les nuances obtenues en teinture.

CINQUIÈME SÉRIE.

Si à un bain de bouse on ajoute une forte proportion de craie, on affaiblit beaucoup les mordants d'alumine et ternit ceux de fer; l'acétate calcique produit le même effet, mais avec moins d'énergie ; une addition de carbonate sodique, par contre, dissout les mordants d'alumine, et communique une teinte grisâtre à ceux de fer.

Afin de savoir à quoi s'en tenir sur l'opinion généralement admise que la nuance des violets garancés était influencée par leur mode de dégommage, on a fait les expériences suivantes, en opérant avec un dessin à fond imprimé en noir, violet foncé et violet clair.

SIXIÈME SÉRIE.

I. Eau bouillante. . . . . 1 lit.
Bouse fraîche. . . . . 100 gr.

On y passe l'échantillon pendant deux minutes, le lave, le teint en garance, et le savonne.

II. Comme I. en substituant à la bouse :
  Son. . . . . 25 gr.

III. Craie en poudre.. . . . . 10 gr.

IV. Lait de chaux froid. . . . . 1 lit.

V. Eau bouillante. . . . . 1 lit.
  Carbonate sodique cristallisé. . . . . 10 gr.
  Bichrômate potassique. . . . . 10 gr.

VI. Eau bouillante. 1 lit.
  Carbonate sodique cristallisé. . . . . 10 gr.

VII. Eau froide. . . . . 1 lit.
  Ammoniaque caustique.. . . . . 50 gr.

VIII. Eau bouillante. . . . . 1 lit.
  Soude caustique à 25° AB. . . . . 50 gr.

IX. Eau bouillante. 1 lit.
  Silicate sodique à 20° AB. . . . . 10 gr.

X. Comme IX, plus :
  Bouse. . . . . 100 gr.

Le plus foncé et le plus vif de tous ces échantillons est le n° X, après lequel vient le n° II.

I, III, IV, VII et IX se ressemblent et sont d'un beau violet, de force ordinaire; V est rougeâtre; VI, faible et gris; VIII, enfin, très-faible et complétement gris.

Convaincu par ces essais que la composition du bain de dégommage exerce réellement une puissante action sur la nuance du violet, nous avons fait les suivants, encore avec des tissus imprimés en noir, et deux violets à fond.

SEPTIÈME SÉRIE.

I. Eau bouillante. . . . . 2 lit.
  Bouse fraîche.. . . . . 1.2 lit.

Plonger l'échantillon pendant deux minutes, bien laver, teindre en garance et savonner.

II. Comme I. plus :
  Craie en poudre fine. . . . . 5 gr.

III. Craie. . . . . 10 gr.

  IV. Silicate sodique à 20° AB. . . . . 10 gr.

  V. Silicate sodique. . . . . ,50 gr.

  VI. Eau bouillante. . . . . 2 lit.
    Son. . . . . 200 gr.

  VII. Comme VI, plus :
    Craie. . . . . 10 gr.

  VIII. Comme VI, plus :
    Silicate sodique à 20° AB. . . . . 10 gr.

  IX. Comme VI, plus :
    Silicate sodique à 20° AB. . . . . 50 gr.

I violet rougeâtre, dont la teinte bleuit de plus en plus jusqu'à IV, dont V ne diffère pas. VI, VII et VIII sont encore plus foncés et plus bleus que IV; mais le plus beau de tous est sans contredit IX.

D'autres expériences complétant celles-ci ont appris qu'une addition de 1 gramme chlorate potassique par litre de bain de dégommage fonce la nuance du violet sans l'embellir, tandis qu'une addition de 1 gramme nitrate potassique par litre fonce la nuance tout en la bleuissant, en sorte que nous sommes amené à indiquer comme meilleur bain de dégommage des violets le mélange suivant :

    Eau bouillante. . . . . 5 lit.
    Son. . . . . 500 gr.
    Silicate sodique à 20° AB. . . . . 125 gr.
    Nitrate potassique. . . . . 5 gr.

HUITIÈME SÉRIE.

Dans l'espoir de fixer sur les mordants un corps gras capable de leur donner après le garançage des couleurs plus vives et plus nourries, on a passé pendant deux minutes un échantillon de toile à bandes mordantées, au sortir du silicate, dans un bain monté avec :

    Eau à 60° C. 5 lit.
    Savon blanc. 25 gr.

L'échantillon lavé a été teint, puis savonné ; les mordants d'alumine avaient tellement faibli, que le rose avait presque disparu ; le rouge était terne et gratté, le violet gris; mais le noir, par contre, avait beaucoup gagné et était aussi vigoureux que velouté.

Le savon ammoniacal a la même action que celui à base de soude.

6. Le **nettoyage** des pièces, après le dégommage, est une opération bien importante, surtout pour les dessins chargés ; car, si on les soumet, dans les appareils de lavage, à des frottements violents, les mordants se détachent en partie et ne fournissent plus que des nuances ternes. Cet accident est un des arguments les plus forts à employer pour soutenir l'idée que les mordants ne sont que superposés aux tissus, et qu'ils ne pénètrent pas dans leurs fibres. Comment d'ailleurs admettre cette pénétration, lorsqu'on voit qu'on emploie les mordants aussi épais que possible, et qu'on considère que le simple frottement, le simple contact des acides ou des alcalis, les altère ou les enlève même totalement? D'ailleurs, quand on examine une toile teinte en rouge et qu'on en dérange les fils en les tiraillant avec l'ongle, on remarque qu'ils sont restés blancs à leurs points de jonction, et ne portent de couleur que sur la face qui a été imprimée, en sorte qu'il devient impossible d'admettre qu'une couleur trop épaisse pour passer au travers des filaments grossiers du tissu puisse cependant se glisser dans les fibrilles capillaires du coton, dont le canal intérieur n'a du reste été vu par Personne. En conséquence, nous pensons que la peinture des toiles est le résultat d'une simple superposition de couleurs identique à celle des boiseries et des tableaux.

Il arrive quelquefois que des mordants bien fixés et dégommés avec soin présentent, après le garançage, des taches blanches dans lesquelles le mordant a été enlevé comme avec un emporte-pièce; elles proviennent du contact du bois pourri, dans lequel il se développe alors un acide ayant tous les caractères de l'acide malique, et qui rougit fortement le papier bleu de tournesol. Il est donc fort important d'écarter le plus possible le bois, des tissus à teindre, qu'il est prudent de ne déposer que sur des tables en pierre.

7. **Teinture**. Après avoir été dégommées et bien lavées, on entre les pièces en teinture; mais, avant de procéder à cette opération, il faut connaître la force tinctoriale relative ainsi que les propriétés des diverses formes sous lesquelles on emploie la garance : c'est cette étude que nous allons faire, en commençant par la racine fraîche, pour finir par tous ses dérivés naturels et artificiels.

I. Garance paluds, en poudre, de M. Bouvier fils, à Avignon. . . . . 20 gr.
Eau.. . . . . 1 lit.
Toile à bandes mordantées. . . . . 500 CC.

II. Racines fraîches et hachées, de garance paluds de dix-huit mois. . . . . 20 gr.

III. Desdites. . . . . 30 gr.

IV. Desdites. . . . . 55 gr.

V. Racines fraîches et hachées de garance paluds de dix-
huit mois. . . . . 40 gr.

Après teinture, savonner. I est superbe, II à peine coloré; les mordants
d'alumine sont rosés, et le lilas tout gris.

L'intensité de la coloration se développe à mesure que s'élève la quantité
de racines hachées, et cela au point que l'intensité du n° V est égale à
1/10 environ de celle de I.

Ce résultat surprenant est dû à l'énergie avec laquelle le parenchyme gélatineux de la garance retient la matière colorante; c'est à cette bienheu-
reuse propriété qu'on doit de pouvoir laver les racines de garance sans
qu'elles perdent de leur force colorante. On détruit cette adhérence toute
mécanique par la dessiccation ou par l'expression; mais ce dernier procédé
n'est pas pratique, parce qu'il laisse la majeure partie de la matière colorante dans le résidu. Le jus exprimé du parenchyme des racines fraîches
est une dissolution de matière colorante si pure, qu'il communique aux mordants des teintes d'un éclat exceptionnel; il est d'un beau jaune orangé et
sensiblement acide. Cette expérience prouve que la matière colorante de la
garance existe *toute formée* dans la racine.

I. Garance paluds. . . . . 20 gr.
    Eau. . . . . 1 lit.
    Toile mordantée.. . . . . 500 CC.

II. Garance de Hollande. . . . . 20 gr.

Savonner.

Le puce du n° II est plus noir que celui de I; le rouge et le rose de moitié
moins foncés, et le violet, jaunâtre.

Ce mauvais résultat est dû à l'acidité de la garance de Hollande, qui,
croissant, comme celle de Silésie et d'Alsace, dans une terre siliceuse, n'y
rencontre pas la chaux nécessaire à la saturation de son acide malique. Ces
garances acides sont fort à redouter partout où les eaux sont pures; elles
sont très-utiles, par contre, lorsque les eaux sont fortement calcaires, comme
celles de Rouen, d'Elberfeld et autres.

La garance de Chypre, par contre, est très-alcaline; celle que nous avons
essayée valait juste un poids double de garance paluds, et donnait des
nuances plus pures.

La garance dite *marina*, qui vient des bords de la mer Caspienne, est encore plus forte que celle de Chypre; elle vaut sept fois son poids de bonne
garance paluds, et constitue la plus riche des modifications naturelles des
racines de la garance. Il paraît que la *marina* se fait avec des racines de
neuf ans qu'on laisse fermenter dans des silos jusqu'à ce que toutes les parties solubles en aient disparu.

N'ayant pu étudier aucune des garances exotiques, nous passons à l'étude
des dérivés artificiels de la garance.

I. Garance paluds. . . . . 20 gr.
    Eau. . . . . 1 lit.
    Toile à bandes. . . . . 500 CC.

II. Fleur de garance de Julian. . . . . 10 gr.

III. Garancine de Verdet. . . . . 3 gr.

Savonner.

Ces trois échantillons ont la même intensité; mais les nuances de II sont plus pures que celles de I, et surtout que celles de III, qui sont ternies par une substance jaune qui donne au rose un ton orangé et au violet quelque chose de gris.

Au reste, si la fleur de garance donne des couleurs plus bleuetées, plus délicates que celles de la garance, elle ne peut pas la remplacer lorsqu'il s'agit d'obtenir des nuances très-intenses et corsées, comme des noirs, des puces ou des rouges, ce qui doit venir sans aucun doute de l'absence de la matière fauve, que le lavage enlève à la racine lorsqu'on la transforme en fleur.

Le carmin de garance, qui est obtenu en faisant réagir l'acide sulfurique sur la garance, possède sept fois plus d'intensité que la garance paluds, donne des nuances aussi pures qu'intenses, mais a besoin, pour les eaux pures, d'une addition de 1 pour 100 de craie, sans laquelle ses couleurs n'ont pas tout leur éclat.

Les établissements qui font eux-mêmes leur fleur de garance l'emploient exprimée, afin d'éviter les frais de dessiccation; dans cet état, elle vaut 20 pour 100 de moins que la garance paluds, à cause de l'énorme proportion d'eau qu'elle retient, ce qui fait que dans nos essais de teinture on l'a toujours employée à la dose de 25 grammes contre 20 de garance paluds.

Le cas est le même pour le garanceux, soit garancine, qu'on fabrique avec les résidus de teinture en garance, c'est-à-dire qu'à cause de son faible rendement tinctorial on ne l'emploie qu'humide.

Il y a deux espèces de garanceux, celui qu'on fabrique directement avec les résidus de teinture en garance, et que nous appellerons A, pour le distinguer du garanceux faible ou B, qui se fait avec les résidus de teinture en garanceux A. Comme le garanceux retient toujours de l'acide, on y ajoute de la craie. L'expérience a appris que 3 grammes de garancine Verdet valent 30 grammes de garanceux A, additionné de 1 gramme craie, et 60 grammes de garanceux B, plus 2 grammes de craie. L'emploi du garanceux donne des noirs, des puces et des rouges de toute beauté; mais il ne vaut rien pour les roses et les violets, qu'il ternit à cause de la forte proportion de matière jaune qu'il retient.

Il est à remarquer enfin que la garance et ses dérivés teignent d'autant plus aisément qu'ils sont moins purs; ainsi, pendant que la garance cède déjà sa matière colorante à + 50° C., il en faut 50° C., à la fleur de garance et 70° à 80° C. à la garancine et à ses congénères.

L'action chimique sur les mordants est inverse, c'est-à-dire qu'ils sont d'autant moins affaiblis que le produit tinctorial employé est plus pur, et cela à tel point, que les mordants qu'on emploie pour la garance doivent être diminués lorsqu'on veut les teindre en fleur de garance, et surtout en carmin de garance ou en garancine.

La teinture ayant pour but de fixer la matière colorante sur les mordants, on doit rechercher d'abord dans quelles conditions cette action s'effectue de la manière la plus complète, puis établir dans quel rapport la matière colorante s'unit au mordant, et rechercher enfin de quelle façon agissent sur les nuances obtenues les diverses substances ajoutées au bain de teinture.

Pour fixer le volume de l'eau par rapport à la matière colorante, on a fait quatre essais, chacun avec 25 grammes garanceux humide, 1 gramme craie et 500 CC. toile à bandes; mais, pour le premier, on a pris 2 litres d'eau, 1 litre seulement pour le second, 1 demi-litre pour le troisième, et 1 quart de litre pour le quatrième.

Ainsi qu'on devait s'y attendre, puisqu'on sait que l'eau retient une forte proportion de matière colorante, l'intensité des couleurs obtenues est inversement de l'eau employée, en sorte que les teintes de l'échantillon n° IV sont au moins quatre fois plus foncées que celles du n° I.

On peut conclure de ces essais que, pour 2 kilogrammes de garance, 2,500 grammes fleur de garance humide, 500 grammes de garancine ou 5 kilogrammes garanceux, on ne doit jamais prendre plus de 50 litres d'eau, si on ne veut pas s'exposer à perdre une quantité de matière colorante d'autant plus grande que l'excès d'eau sera plus considérable. L'expérience directe a prouvé que cette conclusion était vraie pour la fleur de garance, qui est pure ou peu s'en faut, mais qu'elle ne peut s'appliquer à la garance, à cause de la forte proportion d'acide malique que renferme cette racine. En effet, lorsqu'on emploie pour 20 grammes de garance paluds moins de 1 litre d'eau, on voit les mordants se dégrader d'autant plus vite que la proportion d'eau est moindre, en sorte que la pratique ne s'est pas trompée lorsqu'elle a établi qu'il faut teindre en deux fois les fonds très-chargés de couleur, lorsqu'on emploie la garance brute, sous peine de les voir s'affaiblir et se ternir, à cause de l'acidité du bain provoquée par l'énorme proportion de garance qu'on y met.

La durée de la teinture est de une à deux heures; on entre les pièces à 30° C., monte en demi-heure à 50°, en demi-heure ou une heure au bouillon, où on reste une demi-heure en général. Tous les essais que nous avons faits pour abréger la durée de la teinture, soit en employant des bains très-chargés de matière colorante, ou bien en entrant les pièces directement au bouillon, ont été infructueux. En procédant ainsi, on ne sature que les mordants faibles ; les autres restent ternes et grattés.

Dans la série d'essais suivante, on a cherché à se rendre compte de l'influence que la partie insoluble de la garance exerce sur les résultats de la teinture.

I. Type. — Garance paluds de M. Bouvier fils . . . . .   20 gr.
    Eau.   1 lit.
    Étoffe à bandes mordantées. . . . .   500 CC.

II. Garance paluds. . . . .   40 gr.

Faire bouillir deux fois de suite, en vase clos, avec un huitième de litre alcool à 89° C. chaque fois, et filtrer bouillant.

On fait le bain de teinture avec :

    Solution alcoolique, correspondant à 20 grammes de
      garance. . . . .   1,8 lit.
    Eau.   7,8 lit.

III. Fleur de garance de M. Julian. . . . .   10 gr.

IV. Teinture de fleur de garance préparée comme celle de
    garance, et correspondant donc à 10 grammes de
    fleur de garance. . . . .   1/8 lit.

V. Garancine de M. Verdet. . . . .   3 gr.

VI. Teinture de la susdite garancine. . . . .   1/8 lit.

Savonner ensemble tous les essais.

Toutes les nuances de I sont belles et fortes ; celles de II sont plus faibles, et sensiblement jaunes ; surtout le violet, qui est gris. III ressemble à IV ; de même aussi que V à VI. Pour comprendre pourquoi II est plus clair et moins beau que I, il faut se reporter à la réaction de la teinture alcoolique, qui est *fortement* acide, tandis que le bain de teinture de I est neutre. Cette anomalie apparente est due à la présence du carbonate calcique dans le résidu insoluble de la garance qui sature l'acide malique à mesure qu'il se dissout dans l'eau du bain de teinture. Cet agent de saturation ne pouvant agir sur le n° II, il est clair que les mordants ont été affaiblis par l'acide malique, dont la réaction acide a jauni toutes les couleurs obtenues.

Le blanc des échantillons est, au sortir de la teinture : rose foncé pour I, jaune vif pour II ; rose moins foncé que celui de I, pour III ; orange clair pour IV ; pour V, encore moins rose que celui de III, et d'un rose à peine sensible pour VI.

Donc le résidu insoluble est sans action sur les couleurs obtenues avec les dérivés de la garance ; il est, par contre, indispensable à la réussite des teintures en garance brute; mais uniquement à raison de la craie que contient cette racine et qui en sature l'acide malique, à mesure qu'il se dissout dans le bain de teinture.

Pour connaître la quantité d'alizarine nécessaire à la saturation des mordants on a fait les essais suivants en employant la garancine, qui est le dérivé de la garance le plus riche en matière tinctoriale :

I. Garancine Verdet.	1 2 gr.
Eau.	1 lit.
Toile à bandes.	500 CC.
II. Garancine.	3/4 gr.
III. Garancine.	1 gr.
IV. Garancine.	2 gr.
V. Garancine.	3 gr.
VI. Garancine.	4 gr.
VII. Garancine.	5 gr.
VIII. Garancine.	6 gr.

Après teinture, on partage tous les échantillons en deux parties égales, et passe la série A en eau bouillante, tandis qu'on soumet la série B à un savon bouillant.

Dans la série A les couleurs de I sont très-faibles, mais pures; elles vont en augmentant d'intensité régulièrement avec la proportion de la garancine employée, jusqu'à V, où la saturation est complète, puisque les mordants ont tout leur éclat. A partir de V commence la sursaturation ; toutes les couleurs se foncent en se ternissant par l'addition de matière colorante brune non combinée au mordant ; chose curieuse, le violet seul ne se ternit pas par la sursaturation, ce qui vient sans doute de ce qu'il n'est pas apte, comme le mordant aluminique, à retenir de la matière colorante non combinée.

Dans la série B, toutes les couleurs se dégradent de moitié environ, jusqu'à V, qui résiste bien à l'action du savon ; de même aussi que les numéros suivants.

Comme, dans la toile à bandes, l'espace mordanté est au fond blanc: : 7 : 3, et que, pour en saturer 500 CC., il a fallu 3 grammes garancine, il est clair qu'il aurait fallu 4 grammes 29 centigrammes de garancine pour en opérer la saturation, si tout le tissu avait été couvert de mordant. Cette donnée porterait à 7 kilogrammes la quantité de garancine nécessaire pour saturer une pièce de 100 mètres de long sur 82 centimètres de large complétement couverte par quarts de mordants puce, rouge, rose et violet, ce qui n'est pas loin de la proportion établie par la pratique, qui admet que, pour teindre

une pièce de même surface en fond puce, rouge ou violet foncé, il faut
40 kilogrammes de garance paluds valant 6 kilogrammes de garancine.

Afin de mieux apprécier la quantité de garancine nécessaire à la saturation de chaque espèce de mordant, on a procédé aux essais que voici :

On a imprimé en uni, avec un fonds pointillé, cette couleur noire :

Pyrolignite ferreux à 14° AB. . . . .   1 lit.
Amidon grillé. . . . .   400 gr.

Ensuite on a fixé à l'étendage des mordants, dégommé en bouse et silicate, bien lavé, séché, et divisé en échantillons de 1025 CC.

I. Type. — Garancine Verdet. . . . .   5 gr.
            Eau.   1 lit.
            Échantillon noir. . . . . 1025 CC.

II. Comme I ; mais teint avec :
        Garancine. . . . .   4 gr.

III. Garancine. . . . .   5 gr.

IV. Garancine. . . . .   6 gr.

V. Garancine.   7 gr.

VI. Garancine. . . . .   8 gr.

VII. Garancine. . . . .   9 gr.

Après avoir été savonnés à 100° C. un quart d'heure, avec 1 gramme
savon blanc par litre, on trouve que I est violet foncé ; la nuance va en se
fonçant, dans les autres numéros, jusqu'à V, où elle devient complétement
noire ; de V à VII elle se fonce encore.

Pour connaître le rapport de la garancine au mordant de fer, on incinère
un échantillon de 1025 CC.; il laisse 125 milligrammes de cendres rouges
composées de :

Acide silicique.   0.050
Oxyde ferrique.   0.075
                                                        ———————
                                                         0.125

De ces chiffres il résulte que, pour teindre une pièce de 100 mètres en
noir, il faut :

Oxyde ferrique.   58 gr.
Garancine. . . . . 5500 gr.

La même expérience, répétée avec du mordant violet fait avec :

Pyrolignite ferreux arsénical à 5° 1/2 AB. . . . .   1 lit.
Eau. . . . .   9 lit.
Amidon grillé. 4000 gr.

a donné les résultats suivants, pour des échantillons de 2016 CC. La saturation est complète avec 2 grammes de garancine ; en en prenant davantage, la nuance se durcit sans se foncer, ce qui prouve une fois de plus que les mordants de fer ne peuvent pas se sursaturer comme ceux d'alumine.

La calcination d'un échantillon de 2016 CC. a fourni 24 milligrammes de cendres composées de :

Acide silicique.   0.009
Oxyde ferrique.   0.015
                                                        ‾‾‾‾‾‾‾
                                                          0.024

Il s'ensuit que, pour teindre en violet uni une pièce de 100 mètres, on doit y fixer :

Oxyde ferrique.   6 gr.

et employer :

Garancine. . . . .   820 gr.

En rapprochant les chiffres de ces deux expériences, on trouve qu'on a employé plus de garancine pour teindre le mordant de fer en violet qu'en noir ; mais cette anomalie n'est qu'apparente, et ne vient que de ce que, la quantité d'eau employée à la teinture étant la même dans les deux cas, mais la proportion de garancine très-différente, la perte en matière colorante, peu sensible dans le premier cas, à cause de la masse de garancine employée, est devenue appréciable dans le second, où on n'en a mis que la quantité exactement nécessaire à la saturation d'un mordant faible. Ce fait explique très-nettement pourquoi il est nécessaire dans la pratique d'employer pour la teinture des petits dessins proportionnellement plus de garance que pour des fonds chargés ; c'est toujours avec la force dissolvante de la masse d'eau qu'il faut compter.

Poursuivons maintenant ces intéressantes recherches sur les mordants d'alumine. On plaque le tissu avec cette couleur :

Acétate aluminique à 400 grammes. . . . .   1 lit.
Amidon grillé. . . . .   400 gr.

fixe comme précédemment, dégomme, sèche et divise en échantillons de 985 CC.

I. Garancine. . . . .   3 gr.
Eau. . . . .   1 lit.
Toile mordantée. . . . . 985 CC.

II. Garancine. . . . .   4 gr.

III, IV, V, VI, VII. Avec 5, 6, 7, 8 et 9 grammes de garancine.

Série A passée en eau bouillante.

Série B savonnée un quart d'heure, au bouillon, à 1 gramme savon blanc par litre.

Sans qu'il y ait grande différence entre ces deux séries, A est cependant plus foncée, mais sensiblement plus brune que B, qui est remarquablement belle. I seul est faible, II déjà bon, III parfaitement saturé; la sursaturation est sensible déjà pour IV, qui brunit, et va en augmentan jusqu'à VII, qui est complétement brun.

L'incinération de 985 CC. d'étoffe fournit 0 gr. 10 de cendres formées de :

        Acide silicique. 0.06
        Oxyde aluminique. 0.04
                                                                 ——————
                                                                   0.10

Pour teindre en beau rouge une pièce de 100 mètres, il faut donc y appliquer :

        Oxyde aluminique. . . . .   55 gr.
et employer :
        Garancine. . . . .   4 kil.

Pour compléter ces recherches, on a expérimenté le mordant puce, et pour cela plaqué un coupon de calicot avec cette couleur :

        Pyrolignite ferreux à 14° AB. . . . .   1 lit.
        Acétate aluminique à 640 gr. . . . .   5 lit.
        Amidon grillé. . . . .   400 gr.

fixer, dégommer comme d'habitude, bien laver, sécher, et partager en fragments de 1025 CC.

        I. Garancine. . . . .   4 gr.
            Eau. . . . .   1 lit.
            Étoffe mordantée. . . . . 1025 CC.

        II. Garancine.   5 gr.

III, IV, V, VI. Avec 6, 7, 8 et 9 grammes de garancine.

La série A, simplement passée en eau bouillante, diffère totalement de la série B, qui a été savonnée; elle est brune, tandis que la seconde est grenat, ce qui vient de ce que le savon, en la dépouillant de la matière jaune, lui a restitué la nuance rouge due à la combinaison de l'alizarine avec le mor-

dant. Cette matière jaune se fixe en si forte proportion sur le mordant puce,
que la série A est bien de moitié plus forte que la série B. Laissant de côté
la série A pour l'appréciation du degré de saturation, et ne consultant que
la série B, on trouve que le n° I est faible, et que la nuance du puce va en
s'améliorant jusqu'à IV, où elle est saturée; V et VI sont sursaturés et presque noirs.

En incinérant 1886 CC. d'étoffe mordantée, on obtient 0 gr. 161 de cendres brunes composées de :

Acide silicique.	0.111
Oxyde aluminique.	0.040
Oxyde ferrique.	0.010
	0.161

Il faut donc, pour teindre en beau puce une pièce de calicot de 100 mètres, y appliquer :

Oxyde aluminique..	17ᵉʳ.0
Oxyde ferrique.	4. 4

et employer :

Garancine.	5500. 0

soit juste autant que pour la teinture en noir, bien qu'il y ait beaucoup
moins de mordant fixé sur le tissu.

Afin de déterminer la proportion de matière colorante qui se combine
au mordant, on a pris un échantillon de 1100 CC. teint en beau rouge garancine, avec le mordant à 400 grammes dont on a fait usage pour le dosage
de la proportion d'alumine fixée sur le tissu ; on l'a nettoyé en eau chaude
après teinture, sans le savonner, puis introduit dans un ballon de verre avec
1 litre d'eau et 100 grammes d'acide sulfurique à 66° AB. La teinte rouge
disparut rapidement, en faisant place à la couleur orange vif de l'alizarine
pure ; après six jours de digestion à + 16° C., on décanta le liquide, qui
contenait beaucoup d'oxyde aluminique, et lava le résidu jusqu'à ce qu'il
cessât d'être acide. Alors on versa dans le ballon 1 litre eau et 200 grammes
ammoniaque caustique, qui eut bientôt dissous l'alizarine, en se teignant en
magnifique pensée. Après douze heures de macération, on décanta le liquide,
lava deux fois l'échantillon avec 1 litre d'eau distillée, qui laisse l'échantillon
totalement décoloré, et précipita les solutions réunies, avec un excès d'acide
acétique. Les flocons de matière colorante réunis sur un filtre, et desséchés à + 55° C., pèsent 0 gr. 118; ils sont brun foncé, durs, secs au tou-
cher ; chauffés à feu nu, ils dégagent des vapeurs orange d'alizarine, et
laissent un résidu charbonneux qui, calciné, abandonne 0 gr. 008 d'oxyde
aluminique, en sorte que la matière colorante pure pèse exactement 0.110 gr.
Ce dosage prouve qu'une pièce de 100 mètres, teinte en beau rouge avec :

Oxyde aluminique. . . . .   35 gr.
Garancine. . . . .   4000 gr.

ne retient cependant que :

Matière colorante. . . . .   82 gr.

ce qui semble indiquer que la garancine ne renferme que 2 pour 100 de son poids de matière colorante utilisable. Cet exemple est un des plus frappants, ce nous semble, qu'on puisse donner de l'excessive divisibilité de la matière; car l'imagination la plus active ne peut se faire l'idée d'une surface de 82 mètres carrés couverte sans interruption apparente d'une couche continue d'oxyde aluminique qui ne pèse que 55 grammes!

Passons actuellement à l'examen de l'action exercée par diverses substances ajoutées au bain de teinture sur les nuances qui en proviennent.

Il y a bien longtemps déjà que John avait remarqué qu'en ajoutant aux bains de teinture un excès de craie, celle-ci en fixait la matière colorante et les rendait incolores. Haussmann, en 1791, ayant observé que la garance était acide, y ajouta de la craie pour en saturer l'acide libre et s'en trouva si bien, qu'il publia sa découverte. Il affirmait que, pour tirer de belles couleurs de la garance, il fallait l'additionner d'un cinquième à un sixième de son poids de craie, ou même de chaux vive, et il avait fort bien vu, mais seulement pour les eaux pures avec lesquelles il opérait; car, lorsqu'on n'a que des eaux calcaires à sa disposition, on perd beaucoup de matière colorante en ajoutant à la garance un excès de craie. Les essais suivants pourront fixer sur la proportion de craie qu'il faut ajouter aux bains de teinture préparés avec de l'eau pure; les premiers ont été faits avec de la fleur de garance.

I. Fleur de garance humide. . . . .   75 gr.
Eau. . . . .   1 lit.
Étoffe à bandes mordantées. . . . .   1100 CC.

II. Comme I, plus :
Craie. . . . .   0^{gr}.5

III. Comme I, plus :
Savon blanc.   0^{gr}.5

Savonner.

I est fort beau; mais II, et plus encore III, ont toutes leurs nuances plus intenses et plus bleuetées.

Pour compléter ces essais, on a ajouté à 75 grammes fleur de garance humide des doses de craie s'élevant successivement, de 0.57 gr. à 0.75 gr., à 1.25 gr. et à 2 grammes, et trouvé qu'à mesure que la dose de craie s'élève, le puce s'éclaircit et se violète, le violet se bleuit, le rose et le rouge se violacent, tout en s'affaiblissant un peu.

Substituant l'eau de chaux à la craie, on a fait une série d'expériences dans laquelle on a teint un échantillon de toile à bandes de 500 CC., dans 1 litre d'eau, avec 37 grammes fleur de garance humide additionnée de doses d'eau de chaux s'élevant de 5 à 200 grammes. De 5 à 50 grammes, l'eau de chaux ne fait que bleuir le violet et violeter le rose; mais, à partir de 50 grammes jusqu'au-dessus, les nuances s'affaiblissent graduellement au point qu'avec 100 grammes elles sont de moitié plus faibles qu'avec 50 grammes et au-dessous, sauf pour le violet, qui ne change pas, et qu'avec 200 grammes, les mordants cessent de se teindre.

Il est donc clair qu'une addition de chaux ou de craie à la fleur de garance est au moins inutile, lorsqu'elle dépasse 0.5 gr. pour 75 grammes de fleur de garance mouillée, et qu'elle peut même empêcher totalement la teinture. Le savon blanc, employé dans les proportions que nous venons d'indiquer, facilite beaucoup la teinture et donne des nuances plus vives, à cause de la propriété qu'il a de dissoudre la matière colorante de la garance.

Passons à l'étude de la teinture en garancine :

I. Garancine. . . . . 3 gr.
Eau. . . . . 1 lit.
Étoffe à bandes. . . . . 500 CC.
Ammoniaque caustique. . . . . 1 gr.

II. Comme I, en substituant à l'ammoniaque :
Carbonate sodique cristallisé. 0gr.5

III. Craie. 0gr.5

IV. Craie. . . . . 1 gr.

Pour I, le tissu est à peine coloré; II est un peu plus fort, ensuite vient IV; le meilleur est III.

Dans une autre série d'essais on a teint avec :

I. Garancine. . . . . 3 gr.
Eau. . . . . 1 lit.
Toile à bandes. 500 CC.

II. Comme I, plus :
Craie. 0gr.10

III. Acétate calcique. 0gr.20

IV. Acétate calcique. 0gr.10

Savonner.
Le plus faible de tous est II; ensuite vient I, puis III, et enfin IV, qui est le

plus beau, parce que ses teintes sont à la fois les plus intenses et les plus vives.

La quantité de craie étant trop considérable dans les essais précédents, on a cherché à fixer la plus convenable dans ceux qui suivent :

I. Type. — Garancine. . . . . 5 gr.
        Eau. . . . . 1 lit.
        Toile à bandes. . . . . 500 CC.

II. Comme I, plus :
    Craie. . . . . $0^{fr}.03$

III. Craie. . . . . $0^{fr}.06$

IV. Craie. . . . . $0^{fr}.09$

V. Craie. . . . . $0^{fr}.12$

VI. Craie. . . . . $0^{fr}.15$

Après le savonnage, on trouve qu'à mesure que la dose de craie s'élève, le rouge se violace, le violet et le rose bleuissent. Le puce, par contre, s'affaiblit rapidement ; cette action, déjà sensible pour II, devient tellement intense, que celui de VI atteint à peine moitié de l'intensité de I.

L'acétate sodique agit sur la garancine absolument de même que la craie, c'est-à-dire qu'il en dégrade le puce tout en rendant les autres nuances plus bleuetées.

Avec l'eau de chaux, on obtient les résultats suivants :

I. Type. — Garancine. . . . . 5 gr.
        Eau. . . . . 1 lit.
        Étoffe mordantée. . . . . 500 CC.

II. Comme I, plus :
    Craie. . . . . $0^{fr}.03$

III. Comme I, plus :
    Eau de chaux. . . . . 7 gr.
    Contenant, pour 100 grammes : chaux caustique pure, $0^{fr}.115$; car 100 gr. de cette eau de chaux donnent $0^{fr}.300$ d'oxalate calcique, correspondant à $0^{fr}.115$ d'oxyde calcique.

IV. Eau de chaux. . . . . 14 gr.

V. Eau de chaux. . . . . 28 gr.

VI. Eau de chaux. . . . . 56 gr.

Savonner.

Il ressemble à I, quoique le puce en soit moins foncé, et le violet plus bleu. De III à V, le puce se dégrade et le violet se bleuit de plus en plus. Le rouge et le rose conservent leur intensité, tout en bleuissant. VI s'est à peine teint.

Afin de savoir si nous n'avions pas employé trop d'eau de chaux, on a répété ces essais de cette manière :

I. Type. — Garancine. 3 gr.
Eau. 1 lit.
Toile mordantée.. . . . . 500 CC.

II. Comme I, plus :
Eau de chaux. 1 gr.

III. Eau de chaux. . . . . 5 gr.

IV. Eau de chaux.. . . . . 6 gr.

V. Eau de chaux.. . . . . 9 gr.

VI. Eau de chaux.. . . . . 12 gr.

VII. Eau de chaux.. . . . . 15 gr.

Savonner.

Quoique tous ces essais se ressemblent, le lilas en bleuit de plus en plus, sans que le puce se gâte, jusqu'à V, à partir duquel il se ternit de plus en plus à mesure que le puce s'affaiblit.

Passons à l'examen d'autres substances prises parmi celles qui décomposent les sels de chaux, parmi les corps oxydants ou parmi les réducteurs.

PREMIÈRE SÉRIE.

I. Type. — Garancine. . . . . 5 gr.
Eau. . . . . 1 lit.
Toile mordantée.. . . . . 500 CC.

II. Comme I, plus :
Oxalate ammonique. . . . . $0^{gr}.05$

III. Carbonate ammonique. . . . . $0^{gr}.05$

IV. Nitrate potassique. . . . . $0^{gr}.05$

V. Chlorate potassique. . . . . $0^{gr}.05$

I est beau comme d'habitude; le puce de II est jaunâtre; celui des autres ressemble à I. Le n° III a le plus beau rouge et le plus beau rose; ils sont plus jaunes dans les autres. Quoique tous les violets se ressemblent, celui de II semble le plus bleu.

DEUXIÈME SÉRIE.

I. Type. — Garancine. . . . . 3 gr.
Eau. . . . . 1 lit.
Toile à bandes. . . . . 500 CC.

II. Comme I, plus :
Craie. . . . . $0^{gr}.03$

III. Comme I, plus :
Cyanoferrite potassique. . . . . $0^{gr}.03$

IV. Cyanoferrite potassique. . . . . $0^{gr}.03$
Craie. . . . . $0^{gr}.03$

V. Cyanoferrate potassique. . . . . $0^{gr}.03$

VI. Cyanoferrate potassique. . . . . $0^{gr}.03$
Craie. . . . . $0^{gr}.03$

VII. Acétate sodique. . . . . $0^{gr}.06$

Nettoyer en son.

Le rose et le violet de II sont plus bleus que ceux de I; mais le rouge, et surtout le puce, en sont faibles.

IV et VI ressemblent à II.

III et V ressemblent à I.

VII ressemble à I; mais toutes les nuances en sont plus corsées et plus vives.

TROISIÈME SÉRIE.

I. Type. — Garancine. . . . . 3 gr.
Eau. . . . . 1 lit.
Étoffe à bandes. . . . . 500 CC.

II. Comme I, plus :
Hyposulfite sodique. . . . . 1 gr.

III. Comme I, plus :
Hyposulfite sodique. . . . . 5 gr.

IV. Solution de polysulfure calcique à 18° AB. . . . . . . 1 gr.
V. Même solution. . . . . 5 gr.

Savonner.

I, II, III et V ont le plus beau rouge; III, et surtout V, ont le puce maigre et faible.

I et IV se ressemblent.

Le rouge de V est un peu plus faible que celui de I, et celui de III est la moitié plus faible que celui de I.

Pour le violet, I et IV se ressemblent; II et III sont un peu plus bleus que I; celui de V est devenu d'un vilain rose lie-de-vin.

Comme le fait le plus saillant qui ressort de tous ces essais est que la chaux employée en excès empêche la garancine de se porter sur les mordants, il fallait découvrir si c'est en en rendant la matière colorante soluble ou en la précipitant qu'elle agit. Pour atteindre ce but, on a fait les expériences suivantes :

A. Garancine. . . . . 100 gr.
Eau. . . . . 7/8 lit.
Eau de chaux. . . . . 1/8 lit.

Tenir une heure à 100° C., laisser refroidir, jeter sur un filtre, où on lave le dépôt avec 2 litres d'eau froide, et l'exprime fortement.

B. Est traité comme A, à ceci près qu'on chauffe la garancine avec :
Eau. . . . . 3/4 lit.
Eau de chaux. . . . . 1/4 lit.

C. Eau. . . . . 1/2 lit.
Eau de chaux. . . . . 1/2 lit.

D. Eau de chaux. . . . . 1 lit.

La solution est d'un orange d'autant plus foncé qu'on a employé plus d'eau de chaux. Une addition d'acide oxalique en excès vire la nuance au jaune vif, en précipitant de l'oxalate calcique, mais pas trace de matière colorante, ce qui prouve qu'elle est devenue insoluble, et doit se retrouver en totalité dans le résidu.

Les liquides provenant du lavage de A et de B sont très-légèrement acides; ceux de C et de D sont absolument neutres, ce qui prouve que, quoique neutre au papier de tournesol, la garancine retient un acide avec lequel l'eau de chaux se combine en même temps qu'avec la matière colorante; cet acide possède les caractères de l'acide malique.

Le résidu insoluble des quatre opérations précédentes pèse 500 grammes; on procède avec eux aux essais de teinture suivants :

I. Type. — Garancine. . . . . 5 gr.
Eau. . . . . 1 lit.
Toile à bandes. 500 CC.

II. Comme I, en substituant à la garancine :
Résidu de A. . . . . 15 gr.

III. Résidu de B. . . . . 15 gr.

IV. Résidu de C. . . . . 15 gr.

V. Résidu de D. 15 gr.

Savonner.

Il est déjà un peu plus faible que I, ses nuances sont plus bleuetées, surtout celle du violet, qui est bien pur et sans reflet grisâtre. De III à V, le rouge et le puce vont en se dégradant, le rose et le violet en se bleuissant de plus en plus. V a toutes ses couleurs d'au moins moitié plus faibles que I.

Pour confirmer ces expériences et prouver que la matière colorante est bien réellement retenue dans la garancine par sa combinaison avec la chaux, on a ajouté goutte à goutte, au bain de teinture n° V, une solution d'acide oxalique, et réussi à remettre toute la matière colorante en liberté, en sorte que l'échantillon qu'on y a teint était identique au type n° I.

Donc la chaux pure ou carbonatée, qu'on ajoute aux bains de teinture, n'est utile qu'en saturant les acides de la garance, et ce qu'on en ajoute en sus se combine à l'alizarine, en formant avec elle une combinaison insoluble et incapable de teindre les mordants.

Comme on va le voir, le garanceux donne des résultats analogues à ceux qu'on a obtenus avec la garancine. Lorsqu'on ajoute aux bains de teinture, et pour 100 de garancine, 12 1/2 de savon blanc, les mordants se teignent avec une facilité remarquable, et en prenant des nuances très-bleuetées; mais on perd un peu de matière colorante, qui reste en dissolution : cette perte devient très-sensible avec 25 pour 100 de savon, et, lorsqu'on en prend 100, la teinture ne s'effectue plus.

Une addition de biborate sodique rend le bain visqueux et empêche que les mordants ne se teignent, en retenant la matière colorante en dissolution.

Une addition d'ammoniaque caustique empêche aussi la teinture de s'effectuer, même après qu'on a fait bouillir le bain assez longtemps pour en dégager la totalité de cette base.

Le garanceux que nous avons employé retenait encore 42 pour 100 d'eau, quoiqu'il eût été très-fortement exprimé; il était assez acide pour qu'on dût lui ajouter, pour la teinture en grand, 2 pour 100 de son poids de craie : c'est avec lui qu'on a fait les essais suivants :

PREMIÈRE SÉRIE.

I. Type. — Garancine. . . . . 5 gr.
   Eau. . . . . 1 lit.
   Toile à bandes. . . . . 1100 CC.

II. Garanceux. . . . . 25 gr.
  Craie. 0gr.25

III. Garanceux. . . . . 25 gr.
  Craie. 0gr.50

IV. Comme II, mais avec :

Craie. . . . .   1 gr.

V. Comme II, mais avec :

Craie. . . . .   2 gr.

VI. Comme II, mais avec :

Craie. . . . .   5 gr.

VII. Comme II, mais avec :

Savon blanc. . . . .   5 gr.

Savonner.

I et III se ressemblent, quoique ce dernier ait toutes ses couleurs ternies par un reflet jaune.

II s'est à peine teint; IV, V et VI sont de plus en plus faibles que I, surtout pour le puce; mais le rose et le violet sont plus bleuetés.

VII s'est à peine teint; les nuances en sont très-faibles et jaunâtres.

DEUXIÈME SÉRIE.

I. Type. — Garanceux. . . . . 25 gr.

         Eau. . . . . 1 lit.

         Étoffe. . . . . 500 CC.

         Craie. . . . . $0^{gr}.50$

II. Comme I, en remplaçant la craie par :

Eau de chaux. . . . . 50 gr.

Savonner.

II a toutes les nuances plus vives et de moitié plus intenses que celles de I.

TROISIÈME SÉRIE.

I. Garanceux. . . . . 25 gr.

         Eau. . . . . 1 lit.

         Étoffe. . . . . 500 CC.

         Craie. . . . . 2 gr.

II. Comme I, en substituant à la craie :

Acétate calcique.. . . . . 4 gr.

III. Acétate sodique. . . . . 4 gr.

Savonner.

I est le mieux teint; ensuite vient III, et puis enfin II, qui est d'un tiers plus faible que I.

QUATRIÈME SÉRIE.

I. Garanceux. 25 gr.
  Eau. . . . . 1 lit.
  Étoffe. . . . . 500 CC.
  Phosphate calcique tribasique. . . . . 1 gr.

II. Comme I, mais avec :
  Phosphate calcique. . . . . 5 gr.

III. Phosphate calcique. . . . . 10 gr.

Les couleurs se foncent et s'avivent à mesure que la proportion de phosphate calcique augmente.

Certains industriels associent, dans leurs teintures, la garancine à la fleur de garance et à la garance pure, afin d'obtenir des couleurs bien nourries, en même temps que solides, et des nuances douces et veloutées. Afin de savoir dans quelle proportion on doit associer ces matières tinctoriales pour arriver aux meilleurs résultats, on a fait les essais que voici :

I. TYPE. — Garancine. . . . . 5 gr.
  Eau. . . . . 1 lit.
  Toile à bandes. . . . . 500 CC.

II. Garancine. 2 gr.
  Fleur de garance. . . . . 5 gr.

III. Garancine. . . . . 2 gr.
  Garance. . . . . 7 gr.

IV. Garancine. 1 gr.
  Garance. . . . . 14 gr.

V. Garancine. 1 gr.
  Fleur de garance. . . . . 6 gr.

Savonner.

Tous ces essais sont très-beaux, et prouvent qu'à partir de II, et y compris cet essai, les couleurs obtenues ont l'intensité de celles de la garancine unie à l'éclat et à la solidité de celles de la garance et de la fleur de garance, en sorte que ces mélanges sont dignes de l'attention la plus sérieuse de tous les teinturiers.

Quelquefois on associe à la garancine certaines matières colorantes, dans le but de modifier les teintes obtenues : le bois de Lima, par exemple, pour bleuir les rouges, et celui de Santal pour aviver la nuance des puces; quoique ces additions ne rentrent pas directement dans le cercle de nos recherches, voici quelques expériences faites dans le but d'en approfondir l'action.

Une addition de bois de quercitron avive et jaunit le puce et le rouge, mais ternit le violet et le grisaille.

Quand, à 5 grammes de garancine, on associe 5 centigrammes de noix de galle ou de sumac, le puce se fonce et s'avive, sans que les rouges changent; dans le premier cas, le violet se fonce et se bleuit, tandis qu'avec le sumac il vire au gris.

Lorsqu'on élève la proportion de noix de galle à 1 gramme pour 5 grammes de garancine, le puce se fonce encore, sans que les rouges changent; mais le violet se ternit et passe au gris.

Dans certains cas, l'addition de substances inertes en apparence modifie les résultats de la teinture, ainsi que le prouvent ces essais :

    I. Type. — Garancine. . . . . 5 gr.
              Eau. . . . . 1 lit.
              Toile à bandes. . . . . 500 CC.

    II. Comme I, plus :
           Son. . . . . 5 gr.

    III. Gélatine surfine. 0gr.15

Nettoyer en son bouillant.

Le n° II est le meilleur de tous, car ses nuances, aussi intenses que celles du type, sont bien plus pures, parce que le son a retenu la matière colorante jaune. Le n° III ne diffère du n° I que parce que le blanc en est plus pur.

8. **Utilisation des résidus de teinture**. Il a fallu bien des années pour qu'on arrivât à découvrir qu'un bain de teinture épuisé par les mordants retient encore de la matière colorante, et cependant rien n'était plus facile; car le bain, additionné d'acide, laisse précipiter des flocons de matière colorante, et le résidu exprimé teint encore les mordants. Pour s'assurer du fait, on précipite un bain de teinture épuisé, avec assez d'acide sulfurique dilué pour qu'il devienne franchement acide, jette sur une toile et exprime, puis procède aux essais suivants :

    I. Type. — Garancine. . . . . 5 gr.
              Eau. . . . . 1 lit.
              Toile à bandes. . . . . 500 CC.

    II. Comme I, en substituant à la garancine :
           Résidu de teinture. . . . . 25 gr.

    III. Comme II, plus :
           Eau de chaux. . . . . 25 gr.

    IV. Eau de chaux. 50 gr.

    v. Eau de chaux. . . . .   75 gr.

    vi. Eau de chaux. . . . .   100 gr.

Savonner.

II, qui est fortement acide, n'a teint que le puce et le noir; III est déjà mieux : le puce en est moins noir, et les autres couleurs commencent à apparaître. IV est le meilleur; mais il est de moitié moins fort que I. A partir de IV, le puce commence à se dégrader et le violet à bleuir; il est évident que la quantité d'eau de chaux est trop considérable.

Voici encore d'autres moyens de déceler la présence de la matière colorante dans les résidus de teinture.

On mélange, à 1 kilogramme résidus exprimés de teinture, 1 kilogramme d'acide sulfurique à 66° AB., qu'on ajoute par petites portions en évitant avec le plus grand soin que la préparation ne s'échauffe. Après trois jours, on lave bien la masse charbonneuse ainsi obtenue, la dessèche et en fait bouillir 100 grammes avec un demi-litre alcool à 89° C. Cette solution, versée dans de l'eau chaude et neutralisée avec un peu de craie, teint parfaitement tous les mordants.

Broyer 1 kilogramme résidus exprimés de teinture avec 1 litre et demi d'eau de chaux, afin de précipiter l'acide pectique. Après vingt-quatre heures de macération, ajouter un huitième de litre de soude caustique à 25° AB., macérer douze heures, exprimer, reprendre le résidu avec 1 litre et demi eau de chaux, exprimer, puis réunir les solutions, et les décomposer avec un léger excès de chloride hydrique. Le précipité, bien lavé et exprimé, est une pâte épaisse brun foncé, qui pèse 115 grammes et teint bien, avec une légère addition de craie, tous les mordants, auxquels il communique la teinte jaunâtre de la garancine. Son intensité colorante n'est pas considérable.

Une fois la présence de la matière colorante bien établie dans les bains de teinture épuisés, il fallait la précipiter d'abord, et traiter les résidus de manière à isoler le mieux possible la matière colorante d'avec les substances inertes qui l'accompagnent.

Pour précipiter les bains de teinture, nous avons inutilement employé, par hectolitre de liquide, 500 grammes chlorure sodique et 250 grammes d'acétate calcique ; une addition de 80 grammes acide sulfurique à 66° AB. les décolore complétement et instantanément. Le chloride hydrique du commerce agit de même ; mais il faut en mettre cinq ou six fois autant, et les vapeurs qui s'en dégagent en rendent l'application désagréable. Malgré cet inconvénient, nous avons poursuivi cet essai, et obtenu un excellent garanceux, en traitant 1 kilogramme résidus de teinture précipités par le chloride hydrique, avec 10 litres eau et 10 grammes chloride hydrique. On fait bouillir le mélange pendant une heure, lave, filtre et exprime.

Le produit obtenu, additionné de quatre fois son poids d'eau de chaux, a une force colorante égale à la moitié de celle de la garancine et donne d'aussi belles nuances.

Pour fabriquer le garanceux, on fait arriver les bains épuisés dans de vastes bacs, et on y ajoute environ 3 pour 100 du poids de la garance sèche, en acide sulfurique à 66° AB.; on décante le liquide et jette le dépôt sur de grosses toiles d'emballage où il s'égoutte, après quoi on l'exprime. On obtient ainsi, de 100 kilogrammes de garance sèche, 125 kilogrammes de résidu exprimé. On réduit en poudre 100 kilogrammes de ces résidus, qu'on délaye avec assez d'eau pour en faire une bouillie épaisse à laquelle on ajoute 15 kilogrammes d'acide sulfurique à 66° AB., puis on fait bouillir pendant trois heures, et lave le mélange six fois de suite, par décantation ; chaque fois, avec un volume d'eau froide quadruple du sien. Enfin, on ajoute 500 grammes de craie en poudre fine, mélange bien, exprime fortement, réduit en poudre, tamise et emploie tel quel.

Lorsqu'on ajoute une quantité d'acide sulfurique plus forte que celle que nous avons indiquée, on perd de la matière colorante; il en est de même lorsqu'on force la proportion de craie, ou qu'on cherche à la remplacer par des cristaux de soude ou par de l'ammoniaque.

L'usage de la garancine est si avantageux à cause de la régularité avec laquelle elle teint, parce qu'elle se laisse totalement épuiser, et parce qu'elle ne salit pas le blanc des pièces, qu'on la substituerait partout à la garance si on arrivait à donner aux couleurs qu'elle fournit les nuances bleuetées si riches de la garance; c'est ce qui nous a conduit aux essais suivants :

PREMIÈRE SÉRIE.

9. **Virage après teinture**. Deux échantillons fond rose et lilas teints en garancine ont été divisés en cinq parties égales, qu'on passa pendant deux minutes dans :

    I. Eau froide. . . . . 1 lit.

additionnée de :

      Ammoniaque caustique. . . . . 1/8 lit.

    II. Eau de chaux froide et trouble. . . . . 1 lit.

    III. Eau bouillante. 1 lit.
      Carbonate sodique sec. . . . . 100 gr.

    IV. Eau bouillante. 1 lit.
      Carbonate potassique sec. . . . . 100 gr.

    V. Sert de type.

Laver et passer en eau bouillante, puis sécher.

La nuance de I n'a pas changé ; celle de II a étonnamment bleui, de même aussi que III, qui s'est en même temps affaibli. IV s'est affaibli sans avoir bleui ; il semble même que le lilas s'en soit rougi.

Si à ces divers traitements on substitue un passage en soude caustique froide à 5°AB., les couleurs s'altèrent et se dissolvent en partie.

Il en est tout autrement si on a savonné d'abord les tissus teints en garancine ; car ce passage leur donne la nuance et l'éclat des couleurs teintes en garance.

DEUXIÈME SÉRIE.

I. TYPE. — Échantillon fond rose, puce et lilas, teint en garancine.

II. A été imbibé d'une solution froide faite avec 100 grammes savon vert par litre d'eau, séché, puis conservé pendant 12 heures.

III. Préparé comme II, a été fixé à la vapeur.

Ces trois essais ont été passés en eau chaude, puis séchés.

I et II sont identiques ; le rose de III est d'un bleueté superbe ; le rouge a viré au lie-de-vin ; le violet a rougi, de même aussi que le puce, qui s'est beaucoup affaibli.

Lorsqu'on n'emploie que 50 grammes de savon, l'action est peu sensible; avec 200 grammes elle est trop forte, et avec 500 grammes tout se dissout, et le tissu reste blanc.

Lorsqu'on substitue au savon vert un savon ammoniacal préparé avec ses acides, toutes les couleurs se ternissent en se chargeant de jaune, et le blanc se salit.

TROISIÈME SÉRIE.

I. TYPE.

II. Passé 2 minutes en lait de chaux trouble à 50° C.

Bien laver.

Toutes les nuances de II sont plus bleuetées et plus vives que celles de I ; il semble que le jaune en ait totalement disparu.

QUATRIÈME SÉRIE.

I. Tissu imprimé en rose et lilas, teint en garancine, nettoyé en son bouillant et séché.

II. A été imprimé au rouleau mille points avec ce mélange :
Eau de gomme à 1 kilogramme. . . . .   1/2 lit.
Eau tenant en dissolution 25 grammes de savon blanc.   1/2 lit.
puis vaporisé et nettoyé en eau chaude.

III. Comme II, en substituant au savon blanc :
Carbonate sodique cristallisé. . . . .   25 gr.

IV. Acétate sodique.. . . . .   50 gr.

V. Soude caustique à 25°AB. . . . .   50 gr.

VI. Cyanoferrite potassique.. . . . .   25 gr.

VII. Cyanoferrate potassique. . . . .   25 gr.

II, III et IV sont plus vifs que I; V est terne. VI et VII sont couverts d'une teinte bleuetée qui change le lilas en bleu, et le rose en puce clair.

CINQUIÈME SÉRIE.

I. Type. — Échantillon fond violet, teint en garancine et nettoyé en son.

II. Comme I, puis passé pendant une minute en hypochlorite sodique à 1° AB. froid.

III. Comme II, mais en hypochlorite calcique.

IV. Passé pendant cinq minutes dans un bain monté avec :
Eau à 50°C.. . . . . 1 lit.
Cyanoferrite potassique.. . . . . 5 gr.

V. Passé pendant cinq minutes dans un bain monté avec :
Eau à 50° C.. 1 lit.
Acide oxalique. . . . . 1 gr.

puis lavé, et passé dans un autre monté avec :

Eau à 50°C. . . . . 1 lit.
Carbonate sodique cristallisé et lavé. . . . . 5 gr.

Le lilas de I est rosé, mais vif; celui de II est plus clair, mais plus bleu; celui de III plus clair et plus rouge; celui de IV plus foncé et plus bleu. V s'est beaucoup dégradé; mais, comme il est le plus bleu de tous, il est clair qu'on arriverait en modérant l'action de l'acide oxalique.

SIXIÈME SÉRIE.

I. Toile à bandes mordantées, teinte en garancine et nettoyée en eau bouillante.

II. Passé pendant un quart d'heure dans un bain monté avec :
Eau bouillante. . . . . 10 lit.
Savon blanc. 25 gr.

III. Passé pendant un quart d'heure en soude caustique à 5°AB., froide, puis lavé en eau bouillante.

IV. Passé comme III, mais en soude caustique à 10°AB.

V. A été savonné comme II, puis passé en soude caustique comme IV.

VI. A été passé en soude caustique comme IV, puis savonné comme II.

VII. A été bouilli avec de l'alcool à 89°C., puis passé en eau bouillante.

VIII. A été passé en sulfide carbonique, et nettoyé en eau bouillante.

Toutes les nuances de I sont fortes et nourries; mais le blanc est jaune.

II est de moitié moins fort que I; son blanc est pur, ses nuances vives et belles, sauf le violet, qui est rougeâtre.

Toutes les couleurs de III sont violacées; son violet est rougeâtre, et son blanc rosé.

IV est plus foncé que III; son violet est encore plus rouge. V est plus foncé que II; les couleurs en sont vives; mais le violet est rosé, et le blanc aussi.

VI serait le plus beau de tous par la vivacité des nuances, si son violet n'était pas rouge; son blanc est parfait.

VII est excessivement remarquable, puisque, en conservant toute l'intensité du type, il s'est tellement dépouillé de la teinte jaune, que son violet est bleu, et toutes ses couleurs semblables à celles de la garance.

VIII ressemble à VII, et présente ce fait inexplicable que toutes les nuances s'en sont foncées.

De ces derniers essais il ressort qu'en passant en alcool ou en sulfide carbonique les pièces teintes en garancine on leur donnerait la nuance des couleurs garance; ce fait est trop important pour que je n'appelle pas sur lui toute l'attention des industriels.

10. Blanchiment des garancés. Comme les parties non imprimées des tissus attirent la matière colorante de la garance et en rougissent le blanc, il importe de les nettoyer, ce qu'on faisait jadis par des savonnages, alternant avec l'exposition au pré. Plus tard on remplaça l'exposition au pré, d'abord par un passage dans une solution faible d'hypochlorite calcique, et enfin en plaquant les tissus dans la même solution qu'on décompose à leur surface en les faisant passer dans un courant de vapeur d'eau.

Dans l'espoir d'arriver plus vite au but, on a fait les essais suivants :

On prend un dessin perse fond blanc, à petits bouquets noir, violet et deux rouges, le lave bien après teinture en fleur de garance, et passe :

    I. Pendant cinq minutes, dans :
        Eau froide . . . . 1 lit.
        Ammoniaque caustique . . . . 100 gr.

    II. Eau froide . . . . 1 lit.
        Bisulfite sodique à 25° AB . . . . 100 gr.

    III. Eau froide . . . . 1 lit.
        Sulfate cuivrique . . . . 100 gr.

    IV. Eau froide . . . . 1 lit.
        Sulfate cuivrique, et un excès d'ammoniaque caustique. 100 gr.

    V. Eau froide . . . . 1 lit.
        Carbonate sodique cristallisé . . . . 100 gr.

    VI. Type. — Tel quel.

Après l'expérience on lave bien et savonne.

I, II, V et VI sont assez blancs. III est rosé, IV grisâtre.

Pour d'autres essais, nous avons employé l'hypochlorite sodique préparé de la manière suivante :

On délaye 1,200 grammes hypochlorite calcique sec dans 5 litres d'eau froide et laisse une heure en contact. D'autre part, on dissout 1,800 grammes de carbonate sodique cristallisé dans 7 litres d'eau froide, puis on mêle les solutions et emploie le clair, qui titre 10° AB.

Au sortir de la teinture, on lave les pièces, puis on les passe pendant dix minutes dans un bain composé de :

> Eau à 50° C. . . . . 16 lit.
> Solution d'hypochlorite sodique à 1° AB. . . . . 1 lit.
> Savon blanc. . . . . 160 gr.

On lave bien et sèche.

Sous l'influence de ce traitement, les couleurs sont vives, et le blanc parfait. Il est important de ne pas prendre l'hypochlorite sodique plus fort que 1° AB., parce que son action trop violente attaque et dégrade les couleurs.

11. **Avivage.** Comme la teinture en fleur de garance, et surtout en garance, dégrade les mordants, on les prend plus forts que la nuance qu'ils doivent produire, et à laquelle on amène par des passages en savon et des avivages.

L'avivage consiste en un passage en acide plus ou moins fort et plus ou moins chaud, suivant qu'il s'agit de diminuer plus ou moins la nuance obtenue. L'avivage diminuant plus vite les nuances fortes que les faibles, il importe d'avoir soin de prendre les mordants très-forts, pour les doubles destinés à être avivés. C'est une opération très-délicate, et pour laquelle on emploie les acides oxalique, nitrique, ou sulfurique ; comme l'expérience seule peut faire réussir cette opération, elle n'est admissible que pour les vieux praticiens, ce qui nous a engagé à lui substituer les opérations suivantes :

Pour les rouges et roses à une ou plusieurs nuances, on plaque au rouleau mille points, sur les tissus savonnés, lavés et séchés, cette préparation :

> Eau de gomme à 250 grammes. . . . . 1 lit.
> Acide oxalique. . . . . 20 gr.

On fixe à la vapeur et lave ; les nuances obtenues sont de moitié plus faibles qu'avant l'opération et très-vives. Comme cette opération dégrade, à l'inverse de ce qui arrive dans l'avivage ordinaire, plus vite les nuances claires que les foncées, on doit avoir égard à cette action dans le choix des mordants et prendre les mordants rouges forts, d'un quart plus faibles que d'habitude.

Lorsque, au lieu de laver simplement après l'avivage, on savonne, on donne aux rouges et aux roses un bleueté admirable

Les observations précédentes s'appliquent aussi à l'avivage des violets, qu'on effectue avec :

    Eau de gomme à 250 grammes. . . . .   1 lit
    Acide tartrique. . . . .   5 gr.

parce que l'acide oxalique les attaque avec trop d'énergie.

12. **L'enfermage** est une opération qui consiste à savonner en vases clos, et par conséquent à une température élevée, les roses et les lilas, afin de leur donner le plus d'éclat possible.

On ferait bien de donner tous les savons de cette manière, et on le ferait aussi si les pièces ne s'emmêlaient pas tellement dans cette opération, qu'il est souvent presque impossible de les séparer les unes des autres.

Wesserling, 26 novembre 1860

TABLE

FIN DE LA TABLE

PARIS. — IMP. SIMON RAÇON ET COMP., RUE D'ERFURTH, 1

www.ingramcontent.com/pod-product-compliance
Lightning Source LLC
LaVergne TN
LVHW021453170726
843501LV00005B/1642